ISBN 978-3-662-23581-2   ISBN 978-3-662-25660-2 (eBook)
DOI 10.1007/978-3-662-25660-2

Nachdruck ohne Genehmigung des Kaiserlichen Gesundheitsamtes und der Verlagshandlung nicht gestattet.

Gutachten des Reichs-Gesundheitsrats, betreffend die Verunreinigung der großen Röder durch die Abwässer der Zellulosefabrik von Kübler und Niethammer in Gröditz in Sachsen.

Berichterstatter: Geheimer Hofrat Professor **Dr. Gärtner,** Jena.
Mitberichterstatter: Professor **Dr. Dr.-Ing. Lepsius,** Berlin (Dahlem) und Professor **Dr. Hofer,** München.

Inhaltsangabe: 1. Einleitung. 2. Die Gröditzer Zellulosefabrik. 3. Der Röderfluß. 4. Beklagte Schädigungen: Fischerei, Gemeingebrauch des Flußwassers für Landwirtschaft und Fabrikbetriebe, Brunnenverschlechterung, Luftverschlechterung und ekelerregende Beschaffenheit des Flußwassers. 5. Ursachen der Mißstände und deren Beurteilung. 6. Abhilfemaßnahmen, bereits getroffene, weiter in Betracht kommende, weiter empfehlenswerte. 7. Schlußsätze.

Hierzu eine geographische Übersichtskarte (Tafel IV).

Der Reichs-Gesundheitsrat (Unterausschuß für Beseitigung der Abfallstoffe usw.) hat in der Sitzung vom 27. Juni 1912 den Entwurf des über die vorliegende Angelegenheit zu erstattenden Gutachtens beraten. An dieser Sitzung nahmen, außer Kommissaren der beteiligten Bundesregierungen, teil die nachbezeichneten Mitglieder des Reichs-Gesundheitsrats: Dr. Bumm, Präsident des Kaiserlichen Gesundheitsamts, als Vorsitzender; Dr. Barnick, Frankfurt a. O.; Dr. Beckurts, Braunschweig; Dr. Beyschlag, Berlin; Dr. von Buchka, Berlin; Dr. C. Fraenken, Halle; Dr. Gärtner, Jena; Dr. Gaffky, Berlin; Dr. Greiff, Karlsruhe i. B.; Dr.-Ing. Keller, Berlin; Dr. Kerp, Berlin; Dr. K. B. Lehmann, Würzburg; Dr. Dr.-Ing. Lepsius, Berlin; Dr. Löffler, Greifswald; Dr. A. Orth, Berlin; Dr. Renk, Dresden; Dr. Scheurlen, Stuttgart; Dr. Tjaden, Bremen.

Ferner:
Dr. Hofer, München; Dr. Spitta, Berlin.

Das Gutachten wurde in der nachstehenden Fassung abgegeben.

I. Einleitung.

Unter dem 23. April 1910 beantragten die Königlich Preußischen Herren Minister für Landwirtschaft, für Handel und Gewerbe, der geistlichen usw. Angelegenheiten und des Innern bei dem Herrn Reichskanzler, eine gutachtliche Äußerung des Reichs-Gesundheitsrats darüber herbeizuführen, welche Maßregeln zur Bekämpfung der Verunreinigung des Röderflusses durch die Abwässer der Zellulosefabrik von Kübler und Niethammer in Gröditz aus Rücksichten des öffentlichen Wohles geboten erschienen.

Von dem Vorsitzenden des Reichs-Gesundheitsrats wurden die Herren Professor Dr. Gärtner, Jena, Professor Dr. Lepsius, Berlin, sowie der Vorstand der biologischen Versuchsstation für Fischerei in München, Herr Professor Dr. Hofer, mit der Ausarbeitung des Gutachtens betraut.

Am 4. April 1911 fand die erste Besichtigung an Ort und Stelle durch die drei genannten Herren unter Beteiligung von Vertretern des Kaiserlichen Gesundheitsamts, sowie der Königlich Preußischen und der Königlich Sächsischen Regierung statt. Die Zellulosefabrik in Gröditz war durch ihren Direktor Herrn Gasterstedt vertreten.

Die Besichtigung erstreckte sich auf die Fabrik, auf die Anlagen zur Reinigung der Abwässer, auf die Röder oberhalb und unterhalb der Fabrik bis zu ihrem Einlauf in die schwarze Elster, sowie auf den Lauf der letzteren bis nach Liebenwerda.

Am 1. August 1911 kam von dem zuständigen Strommeister die Meldung, daß das Wasser der Röder sehr übel rieche und ein Fischsterben eingetreten sei. An Stelle des verhinderten Professors Dr. Gärtner nahm daraufhin am 8. August 1911 Herr Professor Dr. Spitta in Begleitung des ständigen Mitarbeiters im Kaiserlichen Gesundheitsamte Herrn Dr. A. Müller eine Besichtigung vor. An ihr beteiligten sich wiederum Vertreter der beteiligten Königlich Preußischen und Königlich Sächsischen Behörden. Die Besichtigung wurde in ungefähr derselben Ausdehnung wie im April 1911 vorgenommen.

Nachdem die Analysen gemacht und das Material zusammengestellt war, fand am 14. Oktober 1911 eine Besprechung im Kaiserlichen Gesundheitsamt unter Teilnahme der Herren Berichterstatter, Mitberichterstatter und einiger Herren dieser Behörde statt, bei der die einschlägigen Verhältnisse und die etwa in Betracht zu ziehenden Maßnahmen zur Abhülfe der bestehenden Übelstände ausführlich erörtert wurden. Es ergab sich, daß noch einige weitere Auskünfte und Feststellungen durch die Königlich Preußischen und Königlich Sächsischen Behörden erwünscht waren. Das einschlägige Material lief am 20. Dezember 1911 und am 24. Januar 1912 im Kaiserlichen Gesundheitsamt ein. Unmittelbar darauf begann die Ausarbeitung des Gutachtens, bei der auch noch Material Verwendung fand, das der Herr Berichterstatter nachträglich an verschiedenen Stellen zu sammeln Gelegenheit gefunden hatte, so auch bei der Königl. Amtshauptmannschaft in Großenhain und bei der Gröditzer Fabrik selbst.

2. Die Gröditzer Zellulosefabrik.

Die Gröditzer Zellstofffabrik von Kübler und Niethammer arbeitet nach dem Mitscherlich'schen Verfahren. Aufgestellt sind 4 Kocher von je 20 cbm Inhalt. Die Fabrik erzeugt nach den Angaben der Fabrikleitung täglich aus 100 Festmeter = 130 Raummeter Fichtenholz etwa ein Quantum von rund 20000 kg lufttrockner Zellulose. Unter lufttrockner Ware versteht man Zellulose, welche im Trockenschrank bei 100° bis zur Gewichtskonstanz getrocknet ist plus 12 % Zuschlag für Luftfeuchtigkeit.

Die Lauge, welche in die Kocher hineingegeben wird, enthält etwa 3—4,5 % schweflige Säure, von welcher rund $^2/_3$ frei, $^1/_3$ an Kalk gebunden ist. Beim Kochen des Fichtenholzes und der Lauge in den Kochern während ungefähr 25 Stunden und unter mäßigem Druck werden die die einzelnen Holzzellen verbindenden Substanzen gelöst und gehen neben den löslichen Substanzen der Zellen selbst in die Kocherlaugen hinein. Diese enthalten daher neben vielen anderen Stoffen eine große Menge Pflanzenleim (Lignin) und Pflanzenzucker, an welche beiden schweflige Säure chemisch gebunden ist. Die freie schweflige Säure der abgelassenen Kocherlaugen wird soviel als möglich abgetrieben und von neuem verwendet. Die Kocherablaugen pflegen dann noch 0,2—0,4 % freie schweflige Säure zu enthalten.

In dem sogenannten Abtreibehaus wird die Kocherlauge mit dem Abwasser vermischt. Die Menge der Lauge beträgt täglich 120, nach einer im Sommer 1911 vorgenommenen Messung täglich 110 cbm; es empfiehlt sich jedoch der Vorsicht halber mit 120 cbm zu rechnen, denen noch beiläufig 300 cbm Spülwässer sich zugesellen, mit welchen die Kocher und das in ihnen enthaltene Material sofort nach dem Ausfließen der Lauge zweimal ausgewaschen werden. Wenn aber in dem folgenden von Spülwässern die Rede ist, so sind stets nur die ersten Spülwässer gemeint, die mit rund 120 cbm für die 4 Kocher anzunehmen sind. Den Kocherablaugen und Spülwässern werden zugemischt gegen 2300 cbm Waschwasser aus der Fabrik, sodaß eine Abflußmenge von rund 2800 cbm sich ergibt. Nach einer Mitteilung des Fabrikdirektors vom 5. Februar 1912 beträgt jedoch die Gesamtmenge der Waschwässer einschließlich der Kocherlaugen und Kocherspülwässer pro Tag etwa 5000 cbm. Für die Verunreinigung der Röder ist es nicht von wesentlichem Belang, ob 2800 oder 5000 cbm Waschwasser hineingelangen, denn in erster Linie kommt es nicht auf die Menge, sondern auf den Gehalt des zufließenden Wassers an und dieser ist in beiden Fällen als gleich anzunehmen.

Die Waschwässer durchlaufen im Betriebe Siebtrommeln mit Schlitzen von 0,3 × 1,0 mm, sodann fließt das Wasser durch 2 Schuhrichtfilter von je 104 qm Filterfläche. Darauf fallen die gemischten Abwässer als eine kleine Kaskade in einen 75 m langen und 2,5 m breiten Kanal hinein, welcher mit Kalksteinbrocken zum Teil ausgefüllt ist; von da aus gelangt das Wasser in 2 Absitzbecken, von denen jedes rund 1150 qm Fläche bei rund 1,6 m Tiefe hat und fließt dann durch eine Reihe Siebe in einen sogenannten Schlängelteich. Ihm wird von der oberhalb zulaufenden Röder soviel Wasser wie möglich zur Vermischung mit den Abwässern zugeführt. Die Menge des zufließenden Röderwassers richtet sich also nach seinem jeweiligen Pegelstand, sodaß zeitweise die ganze Röder in den Schlängelteich hineingeht. Das nicht gebrauchte Röderwasser läuft unmittelbar im Flußbett weiter. Der Teich (vergl. den hierneben befindlichen verkleinerten Situationsplan der Gröditzer Zellulosefabrik) besteht aus einem bis zu 10 m breiten, 1100 m langen Graben von ungefähr 0,75 m Tiefe, in welchen man an Querhölzern, die über die Gräben gelegt sind, 3800 bis 4400 Stück Ruten, d. h. ca. 3 cm starke Birkenäste mit ihren Zweigen gelegt hat, damit sich die Pilze an ihnen festsetzen, entwickeln und die Zuckerarten durch ihr eignes Wachstum oder sonstige Zersetzung aus dem Wasser entfernen sollen. Die durchschnittliche Geschwindigkeit, mit welcher das Wasser durch den Schlängelteich (die Rutenanlage) fließt, soll etwa 0,3 m/sek. betragen.

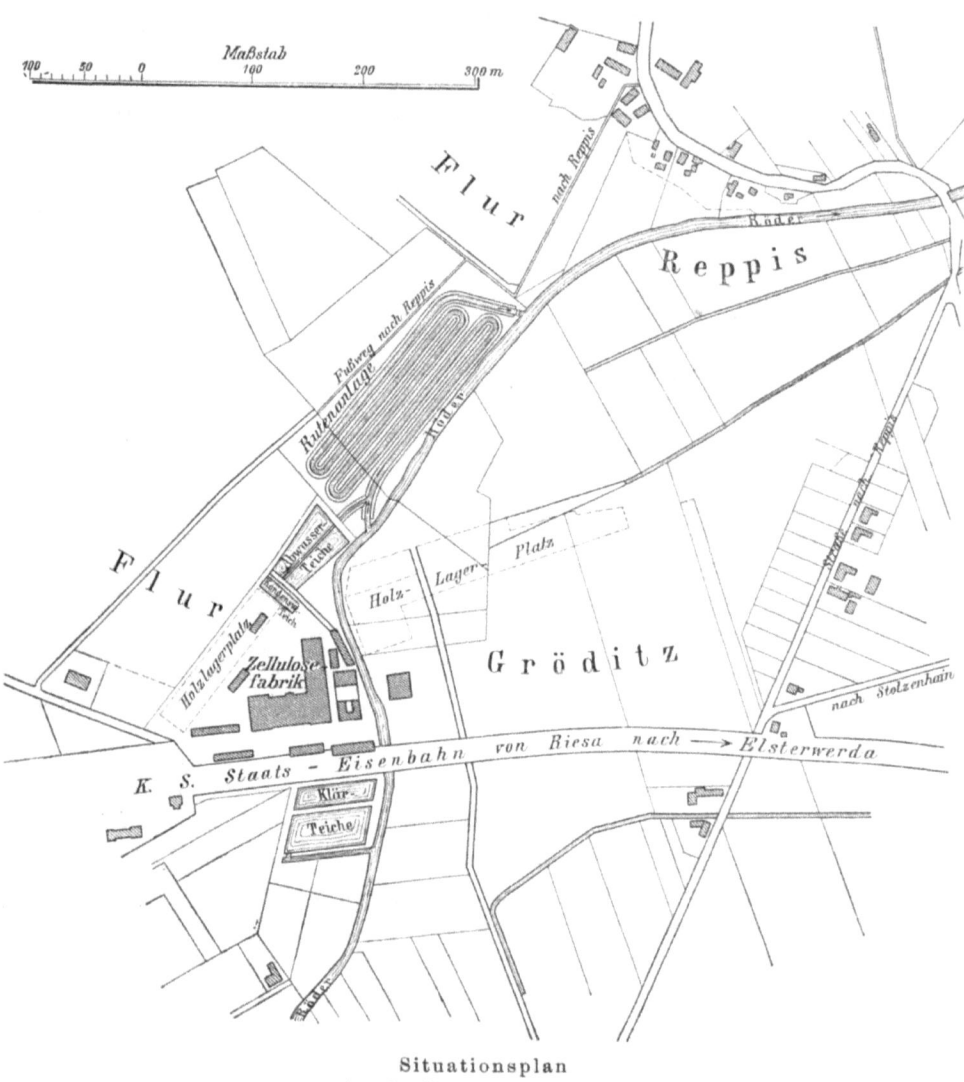

Situationsplan
der Gröditzer Zellulosefabrik.

In der nachstehenden Tabelle sind sowohl die Analysen, welche seitens der Königlich Preußischen Versuchs- und Prüfungsanstalt für Wasserversorgung und Abwässerbeseitigung im Jahre 1904 gewonnen worden sind, als auch die aus Anlaß dieser Begutachtung im Jahre 1911 gewonnenen Untersuchungsergebnisse zusammengestellt.

Tabelle 1. Zusammensetzung der entnommenen Abwasserproben.

	1	2	3	4	5
	Kocherlauge entnommen am 7. 4. 10	Fabrikabwasser vor Eintritt in den Schlängelteich entnommen am 4. 4. 10	Ausfluß aus dem Schlängelteich (Abwasser mit Röderwasser gemischt) entnommen am 4. 4. 10	Prüfungsanstalt Fabrikabwasser, d. h. Mischung von Kocherablaugen und Waschwässern entnommen am 2. 8. 04	Fabrikabwasser entnommen am 4. 8. 04
Reaktion	stark sauer	stark sauer	sauer	sauer	sauer
Abdampfrückstand	136,39 g	6,321 g	0,703 g	3,590 g	5,911 g
Glührückstand	27,72 g	0,985 g	0,206 g	—	—
Kalk	—	0,538 g	0,084 g	0,259 g	0,361 g
Schwefelsäure (SO_3) . . .	4,58 g	0,151 g	0,089 g	0,272 g	—
Freie schweflige Säure (SO_2)	2,171 g	0,176 g	0,0085 g	0,085 g	0,170 g
Gesamt-schweflige Säure .	6,752 g	—	—	—	—
Kaliumpermang.-Verbrauch	über 100 g	27,9 g	3,98 g	18,809 g	0,076 g

Hiernach liegen die Gröditzer Kocherablaugen innerhalb des normalen Gehalts. Auch die Fabrikabwässer, d. h. die Mischungen aus Kocherablauge und Waschwässern liegen innerhalb der für diese Abwässer gewöhnlichen Grenzen. Die Menge der freien schwefligen Säure ist im Fabrikabwasser auch eine solche, wie sie gemeiniglich gefunden wird. Der Kaliumpermanganatverbrauch ist bei den Laugen gewaltig, selbst bei den Fabrikabwässern ist er noch sehr hoch; er übersteigt die Abdampfrückstände um das Mehrfache, eine Erscheinung, die den Abwässern anderer Fabriken dieser Art ebenfalls zukommt.

Wie der geringe Gehalt an freier schwefliger Säure am Ausfluß aus dem Schlängelteich zeigt, wird die Säure durch das Röderwasser im Schlängelteich stark verdünnt.

Über die Menge der vom Abwasser mitgenommenen Holzfasern liegen keine Angaben vor. Es erwiesen sich bezügliche Feststellungen nicht als notwendig, denn alle Begutachter der Gröditzer Fabrikabwässer konnten sich überzeugen, daß die Menge der Fasern äußerst gering ist. Die Siebtrommeln nehmen schon einen erheblichen Teil von ihnen weg, dann wird das Waschwasser in der Fabrik wiederholt gebraucht, ferner beseitigen die großen Schuhrichtfilter viele Fasern und zwar nach Angabe der Fabrik 0,16 % der gesamten Holzfasern, außerdem kommen in dem großen Absitzbecken noch 0,68 % zur Ausscheidung. Die Becken werden etwa alle 6 Wochen abgestellt und entleert, die ausgefallenen Holzfasern abgepumpt und zur Pappenfabrikation verwendet.

Da die Holzfasern gar keine Rolle bei der Verunreinigung der Röder weder gespielt haben, noch heute spielen, besteht keine Veranlassung, sie in den Kreis der Betrachtung aufzunehmen, sie können daher weiterhin unbeachtet bleiben.

3. Der Röderfluß.

Nach Mitteilungen des Königlich Sächsischen Ministeriums des Innern vom 21. Januar 1912 ergeben sich nach Flügelmessungen an der Pegelstelle der Kübler und Niethammerschen Fabrik folgende Wasserstandswerte:
1. Niederwasser: Wassertiefe 0,51 m, Wassermenge 0,75 cbm/sek.
2. Mittleres Wasser: Wassertiefe 0,80 m, Wassermenge 2,37 cbm/sek.
3. Bordvolles Wasser: Wassertiefe 0,95 m, Wassermenge 3,62 cbm/sek.

Hochwasser ist an der erwähnten Pegelstelle nicht meßbar, da infolge der vollkommen ebenen Gestaltung des Ufergeländes der Hochwasserquerschnitt nicht hinreichend geschlossen ist.

Frühere Messungen, welche bei Reppis etwa 1 km unterhalb der Fabrik vorgenommen worden sind, haben folgendes ergeben:

Niederwasser vom 19. September 1883: Wassermenge 0,85 cbm/sek.

Mittelwasser vom 2. Mai 1900: Wassermenge 2,67 cbm/sek.

Mittelwasser vom 19. März 1903: Wassermenge 2,06 cbm/sek.

Nach Angabe des Herrn Oberpräsidenten der Provinz Sachsen ergeben sich folgende Wassermengen:

    a) in der großen Röder unterhalb Gröditz:

a) beim kleinsten Niedrigwasser . . . . 0,40 cbm
b) beim gewöhnlichen Niedrigwasser . . . . 1,10 „
c) beim Mittelwasser . . . . 2,6 „
d) beim Ausufern an den niedrigsten Uferstellen . . 4,5 „
e) beim mittleren Sommerhochwasser . . . . . . 10,4 „
f) beim größten Sommerhochwasser . . . . 21,7 „
g) beim größten Winter- bezw. Frühjahrshochwasser . 42,0 „

    b) in der schwarzen Elster bei Liebenwerda:

a) beim kleinsten Niedrigwasser . . . . 4,00 „
b) beim gewöhnlichen Niedrigwasser . . . . 6,5 „
c) beim Mittelwasser . . . . 12,1 „
d) beim Ausufern an den niedrigsten Uferstellen . . 18,0 „
e) beim mittleren Sommerhochwasser . . . . . . 40,9 „
f) beim größten Sommerhochwasser . . . . 82,5 „
g) beim größten Winter- bezw. Frühjahrshochwasser . 118,0 „

Es befinden sich Staue auf preußischem Gebiete:
a) bei Neusaathain in der großen Röder auf rund 6,5 km Flußlänge unterhalb Gröditz;
b) bei Prieschka in der großen Röder auf rund 12,0 km Flußlänge unterhalb Gröditz;
c) bei Liebenwerda in der schwarzen Elster auf rund 16,0 km Flußlänge unterhalb Gröditz.

Über die Dauer der Wasserstände sind von der Königlichen Kreishauptmannschaft in Großenhain die nachstehenden Angaben übermittelt worden:

Tabelle 2. Wasserstände des großen östlichen Rödermühlgrabens, gemessen am selbstregistrierenden Pegel der Firma Kübler und Niethammer in Gröditz.

1. Niedrigwasser (bis 1,1 cbm/sek. Wasserführung.)

Monate	Anzahl der Tage im Jahre				
	1907	1908	1909	1910	1911
Januar		2	23	—	—
Februar	Pegel noch	—	20	—	—
März	nicht	—	9	—	—
April	vorhanden	—	1	8	4
Mai		—	27	17	8
Juni	1	3	30	27	28
Juli	1	18	27	13	30
August	—	23	31	3	31
September	—	9	29	—	30
Oktober	—	—	31	—	27
November	—	20	23	3	30
Dezember	3	28	—	2	24
Insgesamt	5	103	251	73	212

Im Durchschnitt $\frac{644}{4{,}58}$ = 141 Tage im Jahre.

Kleinstes Niedrigwasser (0,5 cbm/sek.) trat im Jahre 1911 an 33 Tagen ein, von denen 3 auf den Juli, 21 auf den August und 9 auf den September entfielen. In den Jahren 1909 und 1910 wurde dieser Wasserstand während der Monate Juli—September halbtageweise 32 bezw. 8 mal erreicht.

2. Mittelwasser (von 1,1 bis 2,6 cbm/sek. Wasserführung).

Monate	Anzahl der Tage im Jahre				
	1907	1908	1909	1910	1911
Januar		24	7	26	30
Februar	Pegel noch	6	5	19	25
März	* nicht	—	11	25	31
April	vorhanden	—	23	20	26
Mai		—	4	14	23
Juni	15	3	—	3	2
Juli	10	13	4	9	1
August	13	8	—	28	—
September	5	21	1	30	—
Oktober	18	31	—	31	4
November	24	10	7	27	—
Dezember	12	3	22	28	7
Insgesamt	97	119	84	260	149

Im Durchschnitt $\frac{709}{4{,}58}$ = 155 Tage im Jahre.

3. Über Mittelwasser (über 2,6 cbm/sek. Wasserführung).

Monate	Anzahl der Tage im Jahre				
	1907	1908	1909	1910	1911
Januar	Pegel noch nicht vorhanden	5	1	5	1
Februar		23	3	9	3
März		31	11	6	—
April		30	6	2	—
Mai		31	—	—	—
Juni	15	24	—	—	—
Juli	20	—	—	9	—
August	18	—	—	—	—
September	25	—	—	—	—
Oktober	13	—	—	—	—
November	6	—	—	—	—
Dezember	16	—	—	1	—
Insgesamt	113	144	21	32	4

Im Durchschnitt $\frac{314}{4{,}58} = 68$ Tage im Jahre.

Hochwasser ist aufgetreten:

im Jahre 1907: vom 14.—20. 7., am 6. 10. und vom 20.—23. 12. = 12 Tage,
im Jahre 1908: am 20. 1, vom 22.—25. 2., am 4. 5. .... = 6 „
im Jahre 1910: vom 5.—7. 2., vom 21.—24. 3. ...... = 7 „
im Jahre 1911: .... = 0 „

insgesamt 25 Tage.

Im Durchschnitt $\frac{25}{4{,}58} = 5$ Tage im Jahre.

Nach der Tabelle 2, die sich nur auf $4^1/_2$ Jahre erstreckt, ist die Wasserführung der Röder, gemessen am Gröditzer Pegel, in den einzelnen Jahren sehr schwankend. Während sie im Jahre 1907 in 7 Monaten nur an 5 Tagen unter 1,1 cbm war, blieb sie im Jahre 1910 an 73 Tagen = $2^1/_2$ Monate, im Jahre 1908 an 103 Tagen = $3^1/_3$ Monate, im Jahre 1911 an 212 Tagen = 7 Monate, im Jahre 1909 an 251 Tagen = $8^1/_3$ Monate unter dieser Grenze. Im Jahre 1911 war die ganze Zeit von Anfang Juni bis Ende Dezember, im Jahre 1909 die ganze Zeit von Anfang Mai bis Ende November ununterbrochen eine die Zahl 1,1 cbm/sek. nicht übersteigende Wasserführung vorhanden.

Die Tabelle 2 läßt weiter ersehen, daß sowohl im Winter kleines Wasser vorhanden sein kann — während der 4 Monate von November 1908 bis März 1909 an 91 Tagen, also während $^3/_4$ der ganzen Zeit — als auch, wie erwähnt, im Hochsommer. Nur der Monat April ist frei. Wie die Notiz unter der Tabelle ergibt, ist das kleinste Niederwasser — zu 0,5 cbm/sek. angenommen — selten. Hierbei darf nicht vergessen werden, daß die Mühlenstaue auf die Wasserstände ihren Einfluß ausüben.

In dieser Beziehung gibt nachstehende Stelle aus dem Reisebericht des Herrn Regierungsrat Professor Dr. Spitta vom 8. August 1911 gute Aufschlüsse:

„Da die oberhalb von Gröditz gelegenen Betriebe das Röderwasser auch aufgestaut hatten, so dürfte das bei der Befahrung zwischen Gröditz und Saathain fließend angetroffene Röderwasser im wesentlichen aus Spül- und Kondenswässern der Zellstofffabrik selbst sowie des oberhalb derselben gelegenen Eisenhüttenwerkes Lauchhammer, bestanden haben. Eine an der Brücke in Reppis vorgenommene Messung der Stromgeschwindigkeit der großen Röder mit dem Woltmannschen Flügel ergab eine sekundliche Geschwindigkeit von 22 cm in der Strommitte. Unter Berücksichtigung der gemessenen Strombreite und der mittleren Stromtiefe errechnet sich daraus eine Wasserführung von höchstens 150 Liter/Sekunden."

In einem Gutachten der Königlich Preußischen Versuchs- und Prüfungsanstalt vom 15. November 1904 heißt es:

„Bei der anhaltenden Hitze und Trockenheit führte die Röder und der mit ihr in Verbindung stehende Floßgraben nur wenig Wasser. Der letztere war sogar auf einer längeren Strecke nach Elsterwerda zu gänzlich ausgetrocknet, wie auf der Wagenfahrt nach dorthin festgestellt werden konnte; auch soll Röderwasser für die Fabrikationsbetriebe durch die Ausschachtung am Bahnhof verloren gehen. Die Zellulosefabrik von Kübler und Niethammer ist aber in ihrem Betriebe gänzlich abhängig von dem oberhalb liegenden Lauchhammerwerke; staut dieses das Röderwasser auf, so fließt so wenig Wasser zu, daß die Zellulosefabriken ihren Betrieb stunden —, ja sogar tageweise einstellen muß, und somit auch kein Abwasser von der Fabrik zur Röder abfließen kann. Nach Angaben des den beurlaubten Fabrikdirektor vertretenden Werkführers Hasse hat die Zellulosefabrik beispielsweise in der Woche vom 18.—23. Juli an 4 Tagen insgesamt nur 61 Stunden arbeiten können bei Tag- und Nachtbetrieb. Bei immer größer werdendem Wassermangel, bedingt durch das fast völlige Ausbleiben von Niederschlägen bis zur Zeit der Untersuchung, hat der Betrieb noch mehr durch die immer längere Zeit andauernde Aufstauung der Röder durch das Lauchhammerwerk eingeschränkt werden müssen, wie sich unser Sachverständiger durch Einsicht in das Schichtsberichtsbuch überzeugen konnte. Das Wasser wurde an den letzten beiden Tagen abends zwischen 8—10 Uhr aufgestaut und floß erst am nächsten Morgen zwischen 7 und 9 Uhr der Fabrik wieder zu."

Es kommen also Zeiten vor, in welchen die Röder unterhalb Gröditz so gut wie leer ist. In größerer Entfernung z. B. von Stolzenhain an fließt aber wieder Wasser zu, dorthin kommt der Beistrom und noch andere kleinere und größere Zuflüsse. Zudem ist zu bedenken, daß in der ganzen Gegend das Grundwasser recht hoch steht; und da die Röder im Talweg fließt, muß sie zweifellos noch Ergänzungen aus dem Grundwasser bekommen und zwar auch in trockner Zeit; dafür spricht schon ihr Eisengehalt.

Mittelwasser bis 2,60 cbm/sek. war im Jahre 1909 an 84, im Jahre 1911 an 149 Tagen vorhanden, es fiel aber größtenteils in die kühle Jahreszeit. In den feuchteren Jahren 1908 und 1910 hatten auch die Sommer- und Herbstmonate viel Mittelwasser.

Über Mittelwasser, d. h. über mehr als 2,6 cbm liegen in nicht nassen Jahren nur die frühen Jahresmonate; in dem nassen Jahre 1907 war in mehr als der Hälfte der Sommertage ein Wasser über 2,6 cbm. Eigentliche Hochwasser und Überflutungen fallen vorzugsweise in das frühe Frühjahr, kommen indessen auch im Juni, Oktober und Dezember vor.

Aus dem Vorstehenden folgt, daß die Röder ganz und gar abhängig ist von den lokalen Regen und daß in trocknen Jahren sehr lange Zeiten, mehr als ein halbes Jahr, mit recht geringen Wassermengen vorkommen.

4. Beklagte Schädigungen.

Fischerei.

Eine der Hauptklagen, die sich durch die Akten des Königlichen Regierungs-Präsidenten zu Merseburg hinzieht, bezieht sich auf die Schädigung der Fischzucht. Die Klagen hierüber sind so zahlreich, daß im einzelnen auf sie wohl nicht hingewiesen zu werden braucht.

In dem vorerwähnten Gutachten der Königlich Preußischen Versuchs- und Prüfungsanstalt wird auf Seite 3—4 ausgeführt:

„Die Röder wurde an ihrem oberen, noch reinen Laufe am 4. August begangen. Das Wasser war klar und von neutraler Reaktion und untergetaucht wachsende Pflanzen, wie namentlich Elodea canadensis, wurden in größeren Beständen vorgefunden. An diesen tummelten sich zahllose Jungfische, in dem Pflanzengewirr nach Nahrung suchend. Auch größere Fische wurden bemerkt. Nach Angaben eines Anglers sollen in der Röder neben vielen Weißfischen auch Hechte, Barsche, Aale, Karpfen, Schleien, Sandschmerlen und Gründlinge vorkommen; dieselben Fische fanden sich auch in· dem die Röder durchkreuzenden Elsterwerdaer Floßgraben, sowie in der Hirse- oder Hirschlache vor, nur wären in der letzteren die Schleien noch häufiger, ebenso große Hechte."

Unterhalb der Zellstofffabrik sind die Fische aus der Röder verschwunden. Es wird sogar geklagt, daß auch die Fischerei in der schwarzen Elster geschädigt werde und in dem Gutachten der Königlich Preußischen Versuchs- und Prüfungsanstalt vom 15. November 1904 wird angegeben, daß in dem trüben Wasser auf der rechten Seite des Flusses noch Schwärme von Jungfischen bemerkt wurden, welche an der Oberfläche nach Luft schnappten und am Uferrande hätten zwei größere Fische, Rotfedern, verendet gelegen, die wohl aus dem stinkenden Wasser herausgesprungen seien. Die untergetauchten Pflanzen, sowie die Aststückchen, die am Ufer hafteten, wären mit braunen Flocken bedeckt gewesen, anscheinend Eisenflocken, jedoch ist nicht unwahrscheinlich, daß sich hier auch Braunkohlenreste finden.

Die schlechten Verhältnisse in der Elster kommen wohl nur bei ganz niedrigem Wasser vor, wie es die Jahre 1904, 1909 und 1911 brachten. Dahingegen ist anzunehmen, daß das Fischleben in der unteren Röder so gut wie vollständig vernichtet ist. Hiermit würde nicht im Widerspruch stehen, daß zu Zeiten von höherem Wasser Fische in beschränkter Zahl in den Unterlauf der Röder hineinkommen und sich dort auch einige Zeit halten. Zu einer Vermehrung indessen kommen sie nicht.

Gemeingebrauch des Flußwassers für Landwirtschaft und Fabrikbetriebe.

Es wird Klage geführt, daß das Wasser der Röder unterhalb der Zellulosefabrik nicht mehr für wirtschaftliche Zwecke geeignet sei.

a) Als Tränkwasser für die Tiere soll die Röder an einzelnen Stellen Verwendung finden; zu Zeiten jedoch verweigern angeblich die Tiere das Wasser.

b) Als Kesselspeisewasser und für industrielle Zwecke ist das Röderwasser durch die Sulfitverbindungen unbrauchbar geworden, aber es wird dazu nicht gebraucht, da keinerlei Industrien, mit Ausnahme von 2 kleinen Mühlen, sich an ihr befinden. Auch erscheint es nicht wahrscheinlich, daß sich in dem sumpfigen Gelände an dem Flusse eine Industrie ansiedeln wird. Klagen sind nach dieser Richtung hin nicht eingelaufen, doch sollte dieser Punkt hier nicht unerwähnt gelassen werden.

c) In der Mitteilung des Herrn Ober-Präsidenten der Provinz Sachsen vom 8. Dezember heißt es:

„Das Wasser der großen Röder ist oft zur Berieselung von Wiesen auf preußischem Gebiet benutzt worden. Es kann aber infolge seiner Verunreinigung zu diesem Zweck nur mit größter Vorsicht benutzt werden. Da, wo das Wasser auf den Wiesen stehen bleibt, faulen in kurzer Zeit die Gräser aus und es scheint, daß die wertvollsten die kleeartigen Gewächse in dieser Beziehung am empfindlichsten sind. Obgleich Hauptmann a. D. Bormann auf Saathain die Röder in bequemster Weise zur Berieselung benutzen kann, macht er doch davon nur in Zeiten größter Trockenheit Gebrauch. Der Müller Weber in Saathain leitet Röderwasser in flachen Rinnen durch eine Wiese zum Zwecke ihrer Feuchthaltung. Nach kurzer Zeit verschwindet aber an den Rändern dieser Rinnen alles Pflanzengrün. Die Rinnen bekommen durch die abgestorbenen Grashalme eine dunkelblaue Färbung. Bei Überschwemmungen lagern sich Algenwucherungen, die in dem im Durchfaulen begriffenen Röderwasser entstehen, massenhaft auf den Wiesen ab. Alljährlich klagen hierüber Besitzer aufs bitterste, da derartig verunreinigtes Futter (Gras, Heu und Grummet) von den Tieren garnicht oder wenigstens nicht gern genommen wird."

In dem Antrage der Gemeinde Prieschka auf hygienische Untersuchung des Röderwassers vom 29. Juli 1911 wird angegeben, daß die der Röder anliegenden Wiesen bei Überschwemmungen verunreinigt würden.

Von den wirtschaftlichen Belästigungen bleiben als berechtigt bestehen die Klagen über die Beeinträchtigung der Wiesennutzung; den Klagen über die Unverwendbarkeit des Röderwassers als Tränkwasser ist nur eine geringe Bedeutung beizulegen.

Brunnenverschlechterung.

Anläßlich der Besichtigung am 4. April 1911 wurde in Reppis von verschiedenen Brunnenbesitzern geklagt, daß das Brunenwasser durch die Abwässer der Fabrik braun und schlecht schmeckend werde. Auch an der Mühle von Neusaathain waren dieselben Beschwerden vernehmbar. Der Müller Flössig in Prieschka gab ebenfalls an, daß sein Trinkwasser braun und wenig appetitlich sei, doch habe diese Erscheinung mit dem Fluß und den Abwässern der Fabrik nichts zu tun, sein Brunnenschacht ginge zunächst durch Sand, dann durch Moor; hier habe man Faschinen eingebracht, um so das andringende Moor zurückzuhalten; die braune Farbe des Wassers stamme aus dem Moor.

Herr Dr. Metge behauptet in seinem, auf Antrag des Herrn Rittergutsbesitzers Bormann, abgegebenen Gutachten an zwei verschiedenen Stellen, daß die Brunnen verschmutzt seien. Er äußert den Verdacht, daß das Brunnenwasser durch den Eintritt von Flußwasser in seinen ekelhaften Zustand versetzt worden wäre.

Luftverschlechterung und ekelerregende Beschaffenheit des Flußwassers.

Am lebhaftesten sind die Klagen über den üblen Geruch. Über die Art desselben werden verschiedene Angaben gemacht und man muß wohl zwei Arten von Geruch auseinanderhalten,

a) den spezifischen Geruch der Kocherlaugen, welcher sich als ein eigentümlicher, süßlich scharfer Geruch bemerkbar macht und ausgesprochen im Vordergrund steht, sodaß er andere Gerüche, z. B. den nach Schwefelwasserstoff zeitweise nicht aufkommen läßt,

b) den Geruch nach Schwefelwasserstoff. Er macht sich zuweilen in erheblichem Grade bemerkbar, wird hingegen in anderen Fällen durch den Kocherlaugengeruch, wie soeben angegeben, überdeckt; an der Anwesenheit des Schwefelwasserstoffs ist jedoch nicht zu zweifeln, da es gelang, ihn durch Bleipapier in der geschlossenen Flasche nachzuweisen.

Die Klagen über üblen Geruch gehen schon auf viele Jahre zurück. Sie verschwinden in den Perioden, in welchen sich viel Wasser in der Röder findet, und treten auf, wenn wenig Wasser vorhanden ist, zumal, wenn zu dem geringen Wasser noch eine hohe Wärme hinzukommt.

Bei der Besichtigung am 4. April 1911 war an der Röder von üblem Geruch nichts zu merken bis auf eine mäßige Geruchsbelästigung an der Flössigschen Mühle in Prieschka. Hier fanden sich zudem starke Schlammablagerungen oberhalb des Wehres.

Die Untersuchung des Herrn Professor Marsson am 3. und 4. August 1904 ergab das Vorhandensein von erheblichen Belästigungen. Er schreibt, daß der Geruch des Röderwassers an diesen Tagen ein eigentümlich süßlich, scharfer gewesen sei; auch die Anwohner beklagten sich über „Gestank", der tagsüber weniger wahrzunehmen, jedoch nachts und frühmorgens oft unerträglich sei, so daß das Schlafen des nachts bei offenem Fenster im Sommer während der großen Hitze ausgeschlossen sei; allerdings könne man sich über die schlechten Ausdünstungen „bloß heuer" beklagen, unter mehr normalen Temperaturgraden dagegen nicht. In Neusaathain an der Weberschen Mühle machte sich nach Marsson neben dem charakteristischen Geruch der Röder noch der unangenehme Geruch von faulendem Schlamm bemerkbar, sowie nach Schwefelwasserstoff, von dem eine schwache Reaktion erhalten wurde. Im Winter sollen sich dagegen nach Angabe des Müllers Weber unangenehme Gerüche in keiner

Weise geltend machen, in der warmen Jahreszeit auch nur bei niedrigem Wasserstande. Unterhalb des Mühlenwehres war der Geruch wieder ein intensiver und für das Röderwasser unterhalb der Zellulosefabrik charakteristischer, ähnlich dem, wie durch Chlor zerstörte Zellulose enthaltende Substanz ihn zeigt.

In Prieschka bei der Flössigschen Mühle war der Gestank des Röderwassers am stärksten. Das aufgestaute Wasser war deutlich milchig getrübt und von gelblicher Färbung. Vor dem Stau lagerten große Mengen von Schilfstengeln, von denen die meisten mit einer weißlichen Schicht bedeckt waren. Im Wehrgraben, d. h. dem untersten Teil der Röder war das Wasser stinkend, sogar in der Elster, wo das Wasser stark milchig getrübt war, zeigte sich noch der eigentümliche scharf-süßliche Geruch der Röder.

Von seiten des Herrn Rittergutsbesitzers Bormann sind an verschiedenen Stellen der Akten Klagen über schlechten Geruch aufgeführt. Am erheblichsten jedoch sind die des Herrn Flössig aus Prieschka, denen sich in einer Schrift vom 30. Juli 1911 eine Anzahl Anwohner von Prieschka anschließen. In dem Schreiben heißt es, daß die Röder derartig verunreinigt sei, daß nicht nur ein Aussterben der Fische im Sommer erfolge, sondern auch die umliegenden Wiesen bei Überschwemmungen verunreinigt werden. „Dieser Übelstand ist seither ein Ärgernis der gesamten Anwohnerschaft gewesen, zumal diese Stoffe einen furchtbaren Geruch verbreiten, welcher Nichtkennern überhaupt unerträglich ist. Während in den letzten Jahren der Geruch bei nicht allzu großer Sommerhitze den hiesigen Einwohnern weniger auffiel, ist er in diesem Jahre und gerade jetzt seit Eintritt der großen Hitze ein derartig starker geworden, daß den Einwohnern und hauptsächlich den Personen der an der Röder liegenden Besitzungen, fast die Möglichkeit genommen wird noch länger dort zu verbleiben".

Der Mühlenbesitzer Herr Flössig in Prieschka schreibt unter dem 28. September 1911: „Meine Wohnung und Mühle liegt unmittelbar am Röderfluß und kann ich seit Monaten weder Türen noch Fenster öffnen". Am 20. September hat er geschrieben: „Für mich und meine Familie sind die gegenwärtigen Zustände unerträglich, ich kann weder Türen noch Fenster öffnen. Bevor ich Haus und Hof im Stich zu lassen gezwungen werde, gestatte ich mir hier die Anfrage usw."

Die Polizeiverwaltung von Liebenwerda beklagt sich unter dem 8. August 1911 bei dem Herrn Regierungspräsidenten in Merseburg, daß das Wasser der schwarzen Elster eine graublaue Färbung zeige, während es normal braun gefärbt sei. Dann heißt es weiter: „Bei der schon lang andauernden Hitze zeigen die Wasserläufe nur noch schmale Rinnen und es entsteigt denselben, namentlich des Nachts ein so starker pestilenzartiger Gestank, daß die Menschen aus dem Schlafe erwachen und sich beschwerdeführend an die Polizeiverwaltung wenden. Der üble Geruch wird auf die Abwässer der Zellulosefabrik zurückgeführt".

Es läßt sich aus dem Schriftstück nicht ersehen, ob unter „schmalen Rinnen" auch die Elster mit einbegriffen sein soll.

Herr Professor Spitta besichtigte am 8. August 1911 die Röder. Er fand „bei der Saathainer Mühle, daß in dem trocken liegenden Teil des Flusses der Flußboden mit grünlich-schwarzem Schlamm bedeckt war, der an vielen Stellen einen weißen

Überzug von Schwefel, bezw. Schwefelbakterienrasen aufwies. Die ganze Umgebung der Mühle war von einem intensiven üblen Geruch nach Kocherlaugen erfüllt, ein spezifischer Geruch nach Schwefelwasserstoff konnte nicht festgestellt werden. Derselbe war aber anscheinend nur von dem Kockerlaugengestank verdeckt, denn ein Bleipapierstreifen, welcher in die Flasche mit der hier entnommenen Probe eingehängt wurde, färbte sich schwarz.

Noch schlimmer fast als an der Saatheimer Mühle wurden die Verhältnisse an der Mühle von Flössig in Prieschka angetroffen. Schon im April 1911 wurden hier üble Zustände gefunden, die am 8. August 1911 beobachteten spotteten aber jeder Beschreibung. Auch hier war das Röderwasser aufgestaut, die Mühle selbst war von Kocherlaugengestank umgeben, welcher wahrscheinlich wieder, nach der an einer geschöpften Wasserprobe ausgeführten Bleipapierprobe zu urteilen, den Schwefelwasserstoffgeruch verdeckte. Oberhalb des Staues zeigte das Röderbett eine ekelerregende Beschaffenheit. Das in ihm stagnierende Wasser war tintenschwarz, stark trübe und auf der Oberfläche zum Teil mit dicken Schlammfladen und anderem Unrat bedeckt. Aus dem völlig verschlammten, seit längerer Zeit nicht geräumten Flußbett entwickelten sich reichlich Gärungsgase.

In dem Brucharm der schwarzen Elster bei Liebenwerda sah das Wasser ziemlich dunkel aus, war leicht trübe und roch bei näherer Prüfung deutlich, wenn auch nicht besonders stark nach Kocherablaugen. Nach Aussage einiger Badegäste in der Badeanstalt soll die Geruchsbelästigung besonders am 6. August sehr groß gewesen sein."

Ein Geruch oder irgendwelche Unzuträglichkeiten in dem andern Elsterarm wurden nicht gefunden, ein Grund, warum der Brucharm stärker verschmutzt war, als der Hauptarm ließ sich nicht entdecken.

Herr Professor Spitta kommt zu dem Schluß: „Wenn auch die Besichtigung in eine Zeit ganz ungewöhnlichem Wassermangels fiel, die Verhältnisse also ganz besonders ungünstig lagen, so muß doch festgestellt werden, daß die Verunreinigung der großen Röder auf preußischem Gebiet einen ganz gewaltigen Grad erreicht hatte und Zustände herbeiführte, welche als unhaltbar gelten müssen".

5. Ursachen der Mißstände und deren Beurteilung.

In der Tabelle 1 ist angegeben, welcher Art die Abwässer der Fabrik sind. Aus ihr ist ersichtlich, daß der Glühverlust und der Kaliumpermanganatverbrauch dominieren. Unter diese beiden Begriffe fallen die sämtlichen gelösten Stoffe des Holzes, in der Hauptsache Pektine und Zuckerarten, an welche schweflige Säure gebunden ist. Die organischen Substanzen sind, wenn auch langsam, so doch stark oxydierbar und verbrauchen sehr viel Sauerstoff. Wo der Fluß in breitem Strom und dünner Schicht fließt, wird der Sauerstoff in meistens noch genügender Menge zugeführt. Das wird bewiesen durch die Anwesenheit von Sauerstoff bedürftigen Pflanzen und Tieren. Trotzdem Marsson und Spitta zu einer sehr ungünstigen Zeit untersuchten, bei niedrigstem Wasser und höchster Sommerwärme, waren Sauerstoff bedürftige Organismen, pflanzlicher und tierischer Natur, noch in ziemlicher Menge vorhanden. Herr Spitta bringt das besonders zum Ausdruck, er sagt: „An dem biologischen Be-

Tabelle 3. Ergebnisse der chemischen Untersuchungen von Wasser·

Probe Nr.	Ort der Entnahme	Äußere Beschaffenheit des Wassers	Abdampfrückstand	Glührückstand
1. Marsson 3. 8. 04	Röder oberhalb des Einflusses der Abwässer	—	170	—
2. Metge 30. 5. 10	Große Röder an der Brücke in Gröditz unterhalb Eisenwerk	gelblich (eisenhaltig), klar, geruchfrei	183	116
3. Spitta 4. 4. 11.	Große Röder kurz oberhalb der Fabrik an der Eisenbahnbrücke	klar, schwach gelblich	165	102
4. Spitta 8. 8. 10	Große Röder an der Dorfbrücke in Gröditz oberhalb der Zellstofffabrik	fast klar, ohne auffallenden Geruch	170	48
5. Marsson 3. 8. 04	Röder bei Reppis	—	1565	—
6. Metge 30. 5. 10	Große Röder an der Brücke unterhalb Reppis bei der Landesgrenze	schwärzlich-grünlich, trübe, H_2S Geruch, jauchig	576	221
7. Spitta 8. 8. 10	Große Röder unterhalb der Zellstoffabrik bei der Brücke in Reppis	fast klar, ohne auffallenden Geruch	—	—
8. Marsson 3. 8. 04	Röder bei Neusaathain	—	1014	—
9. Metge 30. 5. 10	Große Röder Mühlarm bei der Mühle Saathein (Neu-S.) vor der Mahlmühle	schwärzlich-grünlich, trübe, mäßiger H_2S Geruch, jauchig	374	174
10. Spitta 8. 8. 10	Große Röder bei Saathain, Probe aus dem Mühlenstau	trübe, starker Kocherlaugengeruch	881	563
11. Marsson 3. 8. 04	Röder bei Prieschka	—	1193	—
12. Metge 30. 5. 10	Große Röder an der Mühle von Prieschka	schwärzlich grünlich, trübe, H_2S Geruch, jauchig	412	189
13. Spitta 4. 4. 11	Große Röder bei Prieschka unterhalb der Brücke	klar, schwach gelblich	244	101
14. Spitta 8. 8. 11	Große Röder bei Prieschka, Probe aus dem Mühlenstau der Flössingschen Mühle	trübe, grau, starker Kocherlaugengeruch	656	321
15. Marsson 4. 8. 04	Elster oberhalb des Röderzuflusses	—	131	—
16. Marsson 4. 8. 04	Elster unterhalb des Röderzuflusses	—	423	—
17. Spitta 8. 8. 11	Schwarze Elster an der Brücke bei Zeischa	ziemlich klar, ohne auffallenden Geruch	197	41

fund ist zweierlei auffallend: das Fehlen von Zellstofffasern und der Umstand, daß sich selbst an der Mühle von Saathein und Prieschka noch zahlreiche lebende Planktonorganismen fanden. Die Zellstoffasern werden entweder in der Fabrik selbst sehr vollständig zurückgehalten oder sedimentieren während der Austauzeit. Das Vorhandensein eines ziemlich zahlreichen Planktons spricht dafür, daß trotz der starken Verunreinigung der Selbstreinigungsprozeß noch nicht lahm gelegt ist."

Für den noch vorhandenen Sauerstoffgehalt, der bei höherem Wasser sogar ganz bedeutend sein muß, ist beweisend die kolossale Wucherung von Sphaerotilus.

proben aus der Röder und der schwarzen Elster (Milligramme im Liter).

Chlor	Deutsche Härtegrade	Kalk	Magnesia	Kaliumpermanganatverbrauch	Ammoniak	Schweflige Säure	Reaktion
—	—	19	—	220	—	—	—
36,9	6,7	43,5	16,5	22,4	Spuren	—	neutral
—	5,8	35,0	16,1	33	—	—	sehr schwach alkalisch
21	3—4	—	—	28,4	Spur	0	neutral
—	—	—	—	22 450	vorhanden	26	—
38,3	10,2	67,5	24,1	908	deutliche Mengen	—	zunächst sauer (von H_2S), dann schwach alkalisch
—	3—4	—	—	61,6	Spur	2,4	neutral
—	—	93	—	7764	—	11	sauer
38,3	7,4	47,0	19,6	490,0	deutliche Mengen	—	zunächst sauer s. o.
20	7—8	—	—	1448,0	sehr deutlich	16,0	neutral
—	—	125	—	4665,0	—	13	sauer
39,4	7,8	48	21,7	574,0	deutliche Mengen	—	zunächst sauer s. o.
—	6,2	38,5	17,0	233	—	—	sehr schwach alkalisch
24	7—8	—	—	1240,0	erheblich	16,0	neutral
—	—	—	—	1147	—	—	—
—	—	—	—	1958	—	3	—
6	4—5	—	—	31,6	Spur	—	neutral

In den Mühlenstauen tritt in dem abgelagerten Schlamm und in den ihn überlagernden Wasserschichten eine starke Reduktion der organischen Stoffe ein, und hier kommt es zur Fäulnis, die sicherlich nicht unbedeutend ist, die aber noch wesentlich stärker sein würde, wenn die Mühlstaue — Mühlteiche kann man sie kaum nennen — größer und vor allem tiefer wären. Die Entwickelung von Gasen in diesen Teichen, das Auftreten der bekannten Fladen mit ihren Diatomaceen- und Oscillariengehalt, sowie der üble Geruch sprechen deutlich für die starke Zersetzung.

Nach den organischen Substanzen tritt als weiterer herauszuhebender Faktor die schweflige Säure in die Erscheinung. Ihre Menge in den Fabrikabwässern beim Einlaufen in den Schlängelteich ist nicht übermäßig. Sie betrug im April 1891 176 mg/l, nachdem das Fabrikabwasser mit Röderwasser gemischt den Schlängelteich passiert hatte, war sie auf 8,5 mg gesunken. Die Resultate der hauptsächlichsten Flußwasseruntersuchungen sind in der Tabelle 3 zusammengestellt. Aus ihr seien als besonders wichtig für die vorliegenden Zwecke die folgenden Daten herausgehoben. Bei Reppis wurde die schweflige Säure in geringer Menge gefunden nämlich 2,4 mg (Spitta), als nur Kondenswässer im Fluß waren; sie war zu 26 mg vorhanden Marsson), als Abwasser den Bach herunterfloß. Bei Stolzenhain sind 8 mg gefunden (Marsson) bei saurer Reaktion des Wassers, bei der Mühle von Saathain 11 mg (Marsson), 16 mg (Spitta); bei der Mühle von Prieschka 13 mg (Marsson) und 16 mg (Spitta); in der Elster konnte Marsson noch einmal 3 mg nachweisen, während Spitta der Nachweis nicht mehr gelang. Die Reaktion des Wassers war bei Marsson überall sauer, Spitta, der unter ebenso ungünstigen Verhältnissen arbeitete, fand sie mit Lakmus neutral.

Bei Niedrigwasserzeiten fanden alle Untersucher, daß sich Schwefel, und zwar in Substanz, ausscheidet. Er bewirkte eine weißliche oder weißlich-gelbe Trübung des Wassers, er setzte sich als grauweißer Niederschlag an den Brettern der Schützen, an Ästen und dergl. ab, er wurde sogar als weißliche Einsprengung im Schlamm gefunden. Daß wirklich Schwefel vorlag, ließ sich in der einfachsten Weise durch die beim Verbrennen entstehende schweflige Säure nachweisen.

Durch die in größerer Menge im Abwasser enthaltenen Holzextraktivstoffe, insbesondere durch die Zuckerarten wird die Entwicklung von Pilzen in stärkster Weise gefördert. Als Marsson im August 1904 die Röder untersuchte, fand er bei saurer Reaktion des Wassers das ganze Bachbett mit Fusarium aquaeductuum bedeckt, auch trieb der Pilz streckenweise in größerer Menge flußabwärts. Bei der Besichtigung im April 1911 fanden sich ungeheure Mengen ausgesprochen gelb-rötlicher Flocken, die zum Teil am Boden, an den in das Wasser hineinragenden Ästen und Zweigen, an Gräsern usw. festgeklebt waren, zum Teil frei im Strom schwammen. Die Pilze sind so zahlreich, daß sie mehrmals am Tage von den Rechen der Mühle in Saathain mit Harken abgezogen werden mußten. Die mikroskopische Untersuchung ergab, daß nur Sphaerotilus natans vorhanden war. Bei der Untersuchung durch Spitta am 8. August 1911 wurde bei neutraler Reaktion des Wassers Sphaerotilus in mäßiger Menge gefunden.

Hiernach sind zwei verschiedene Pilzarten in großer Masse sicher beobachtet. Es ist jedoch möglich, daß sich unter anderen Bedingungen, die sich vorher nicht feststellen lassen, noch andere Pilze, z. B. Leptomitus lacteus, einstellen.

Bringt man die Verhältnisse des Flußwassers zu den Klagen der Bevölkerung in Beziehung, so muß bezüglich des üblen Geruchs das folgende gesagt werden:

I. Die Ablaugen an sich haben einen eigentümlichen, süßlich scharfen, unangenehmen Geruch, der erst dann verschwindet, wenn entweder die organische Substanz und die an sie gebundene schweflige Säure in indifferente Verbindungen umgewandelt sind, oder wenn durch die Wassermassen eine ganz erhebliche Verdünnung stattgefunden hat. Daß letzteres genügt, ergab sich daraus, daß bei der Besichtigung am 4. April 1911 von dem Kocherlaugengeruch im Wasser der Röder so gut wie nichts zu merken war; damals flossen ungefähr 5 cbm/sek. den Fluß herunter.

Neben diesem spezifischen Geruch macht sich ein Geruch nach Schwefelwasserstoff bemerkbar. Er entsteht dadurch, daß die Pilze, wenn sie absterben, in Fäulnis übergehen. Lagern sie sich an Ausbuchtungen der Röder oder in Mühlstauen ab, so wird sich der Schwefelwasserstoffgeruch an diesen Stellen besonders bemerkbar machen.

Man darf auch annehmen, daß bei der Reduktion der organischen Schwefelverbindungen Schwefelwasserstoff gebildet wird. Auch können zahlreiche Bakterien aus dem abgelagerten kristallinischen Schwefel Schwefelwasserstoff bilden.

Der Schwefelwasserstoffgeruch kann allein eine starke Belästigung hervorrufen, andererseits ist er verdeckt gewesen durch den Kocherlaugengeruch. Daran besteht aber kein Zweifel, daß beide Gerüche auf die Abwässer der Gröditzer Zellstoffabrik zurückgeführt werden müssen.

Die Belästigung durch den üblen Geruch tritt nicht ein, oder ist gering bei höherem Wasserstande. Leider läßt sich nicht festellen, bei welcher Wasserführung und bei welcher Temperatur die Belästigung hervortritt. Man darf jedoch folgern, daß trotz niedrigen Wasserstandes bei kühler Temperatur Belästigungen in einer zu berücksichtigenden Schwere nicht eintreten. Die Klagen werden stets dann laut, wenn niedriges Wasser und hohe Temperatur zusammenfallen.

Solche Perioden sind indessen nicht bloß im letzten Jahre und im Jahre 1904 hervorgetreten, sie sind vielmehr eine fast regelmäßige sommerliche Erscheinung, die vielleicht nur einige Tage, in anderen Fällen indessen Wochen andauert. Die Belästigung muß als eine über das gewöhnliche Maß weit hinausgehende angesehen werden, denn Marsson stellte fest, daß der Gestank des Röderwassers intensiv war, und Spitta berichtet, daß bei Saathain die ganze Umgebung der Mühle von einem intensiven üblen Geruch nach Kocherlaugen erfüllt war; der spezifische Geruch nach Schwefelwasserstoff habe nicht bemerkt werden können, weil er durch den Kocherlaugengeruch überdeckt war, „noch schlimmer fast als an der Saathainer Mühle wurden die Verhältnisse an der Mühle von Flössig in Prieschka angetroffen. Schon im April 1911 wurden hier üble Zustände gefunden, die am 8. August beobachteten spotteten aber fast jeder Beschreibung". Weiter wird noch bemerkt, daß die Mühle von Kocherlaugengestank umgeben und das stagnierende Flußwasser trübe mit dicken Schlammfladen bedeckt und in Gärung übergegangen war.

Der Kreisarzt von Liebenwerda gibt unter dem 30. Juli 1911 an: „Durch besonders ungünstige Verhältnisse, als geringe Wassermenge, geringes Gefälle, schlammigen Untergrund, buchtenreiches Ufer, große Hitze, sind diese Substanzen in den Zustand hochgradiger Fäulnis geraten, so daß sie einen weithin bemerkbaren üblen Geruch verbreiten und vielfaches Absterben der Fische verursachen; ganz unerträglich und gesundheitsschädlich ist der pestartige Gestank an der Sägemühle in Prieschka infolge Stagnation des Wassers durch das Mühlenwehr."

Sodann ist ein übermäßig starker übler Geruch aus den nicht bestrittenen Angaben der sich beklagenden Bevölkerung zu folgern. Schon im Jahre 1904 wird geklagt, der Geruch sei so übel gewesen, daß die Leute hätten die Fenster schließen müssen, besonders sei das zur Nachtzeit notwendig geworden. Ganz dieselben Klagen kamen 1911 aus Reppis und Prieschka. Wochenlang haben die Leute unter der Belästigung, welche das Schließen der Fenster erforderlich machte, gelitten. Zuzugeben ist, daß der Müller in Prieschka seinen Teich im Herbst 1911 nicht gereinigt hatte, ferner wurde den Berichterstattern erzählt, daß der dortige Müller in dieser Beziehung nachlässig sei, während doch den Müllern die regelmäßige Reinigung ihrer Mühlteiche obliege. Bei Saathain jedoch lag diese Unterlassung nicht vor und trotzdem war starker Gestank wahrnehmbar.

Die Königlich Preußische Wissenschaftliche Deputation für das Medizinalwesen sagt in einem Gutachten vom 27. Juli 1886: „Wenn die freie Luft häufig so verunreinigt wird, daß man gezwungen ist, sich dagegen abzuschließen, dann kann es keinem Zweifel unterliegen, daß es sich nicht mehr um eine einfache Belästigung, sondern geradezu um eine Schädigung der Gesundheit handelt."

Dieser damals aufgestellte Satz hat auch jetzt noch seine Gültigkeit. Es erscheint zweifellos, daß am meisten die Müller, aber auch die an die Röder angrenzenden Bewohner der Dörfer durch üble Gerüche ganz erheblich wiederholt und längere Zeit belästigt werden und gesundheitlichen Schädigungen ausgesetzt sind.

II. Auf die Fischzucht wirkt freie schweflige Säure schädigend ein; bereits ein Gehalt von 0,5 mg/l soll nach Versuchen von Weigelt Fische rasch zu töten vermögen.

Die „freie" schweflige Säure, welche bei Gröditz in den Fluß hineingelassen wird, ist nicht erheblich und sie dürfte bald oxydiert sein. Es ist jedoch sicher, daß bei der Zersetzung der organischen Substanzen der Sulfitzellulose-Ablauge wieder schweflige Säure frei wird und auch sie kommt in der Röder zur Wirkung.

Mit dem Sinken des Wassers und dem Ansteigen der Temperatur wird das Fischleben sehr gefährdet, besonders an den Stellen, wo sich viel Schlamm abgesetzt hat, durch die sich dort abspielenden Fäulnisvorgänge wie z. B. vor den Mühlen. Die Pilze selbst stellen insofern eine Gefahr für die Fische dar, als sie die Fischeier umspinnen und zum Absterben bringen, ferner junge Fischbrut ebenso, wie niedrige als Fischfutter dienende Organismen in ihrem Fädengewirr festzuhalten und so zugrunde zu richten vermögen, auch können die Pilze zu einer Verstopfung der Kiemen führen, wenn diese gereizt werden und schleimen.

Besonders gefährlich werden die Pilze, wenn sie absterben und in Fäulnis übergehen. Hier ist es also ebenso wie bei den Fäulnisprozessen, die im Schlamm vor sich gehen, der Schwefelwasserstoff, welcher als schlimmes Fischgift auftritt.

Durch die dauernden und von Zeit zu Zeit akut wirkenden stärkeren Schädigungen sind die Fische verschwunden und der Wert der Fischerei bis zur Elster auf Null reduziert; auch unterliegt es keinem Zweifel, daß die Gröditzer Zellstoffabrik die volle Verantwortung hierfür trägt. Man darf jedoch nicht vergessen, daß die Röder an sich kein gutes Fischwasser ist, der Wechsel in der Wassermenge, welche zeitweise und streckenweise bis auf Null heruntergehen kann, bedingt das; der Wert der Fischerei ist also an sich gering.

III. Zeitweise ist das Wasser sauer befunden und es ist während solcher Zeiten für die Tiere ebensowenig ein Tränkwasser als dann, wenn sich in ihm Fäulnisprozesse in größerer Ausdehnung zeigen. Den Grad dieser Schädigung muß man indessen gering anschlagen, da sich ohne Schwierigkeit Tränkstellen in anderer Weise schaffen lassen dürften, oder schon vorhanden sind.

Bei der Bewässerung von Wiesen hat man ein Doppeltes zu unterscheiden:
1. Die eigentliche Rieselung.
2. Die Befeuchtung der Wiesen.

Die letztere findet zu trockenen Zeiten statt und verfolgt nur den Zweck, den Wiesenpflanzen wieder Feuchtigkeit zuzuführen. Da das Anfeuchten zur trockenen heißen Jahreszeit am meisten notwendig ist, so wird das Wasser hierfür gerade dann beansprucht, wenn es am schlechtesten ist. Untersuchungen von Stutzer-Königsberg haben ergeben, daß durch Anfeuchten mit saurem Sulfitzellulosewasser, wenn im Liter noch 0,196 g Säure $= \frac{1}{300}$ Normalsäure als SO_2 berechnet, enthalten war, eine sofortige Schädigung bei Gras, Klee und Hafer eintrat; die Pflanzen verdorrten.

Soviel freie Säure ist in der Röder nicht gefunden worden; sie dürfte auch in ihr nicht vorhanden sein. Aber es ist zu bedenken, daß 0,196 g schweflige Säure die unterste Grenze der Schädigung nicht darstellt; Stutzer hat nur mit geringeren Mengen keine Versuche gemacht. Andererseits haben die Rieselungen mit den Sulfitzelluloseablaugen, welche bis zu 10 % im Abwasser der Stadt Königsberg enthalten waren, Schädigungen bei den Rieselwiesen nicht gebracht.

Da genauere Untersuchungen nicht vorliegen, so läßt sich ein sicherer Entscheid, ob die Anfeuchtungsrieselei auf den Röderwiesen schädlich oder nützlich gewesen sei, nicht bringen; groß kann jedoch der Schaden wohl kaum gewesen sein. Dahingegen ist ohne weiteres zuzugeben, daß der Graswuchs dort verschwindet, wo das Anfeuchtungswasser längere Zeit auf den Wiesen stehen bleibt, und daß es an den Rändern von Rinnen verloren geht, durch welche das Wasser längere Zeit fließt.

Pilze finden sich um diese Zeit im Wasser nicht in nennenswerter Menge, sie kommen hierbei als schädigend nicht in Betracht.

Bei der eigentlichen Rieselei sucht der Landwirt durch die im Wasser befindlichen Schwebestoffe neben der Anfeuchtung zugleich eine Düngung der Wiesen zu erzielen. Sie nimmt längere Zeit in Anspruch und das Wasser setzt seine aufgeschwemmten Teilchen auf den Wiesen ab. Die Rieselung findet zur kühlen Jahreszeit statt, also gerade in den Perioden, wo die Pilze hauptsächlich wuchern, und man muß anerkennen, daß unter diesen Umständen auf stark gerieselten Wiesen eine Haut von Sphaerotilusfasern und feinem Röderschlamm sich niederschlägt, die dem Wachstum der Pflanzen nicht förderlich ist.

Hochwässer kommen, wie die Tabelle 2 ergibt, auch im Hochsommer vor. Ihr übelriechender Schlamm wird die Wiesengräser zu einem nicht gern von dem Vieh genommenen Futter machen.

Hier liegen also Schädigungen vor, die wiederum mit Sicherheit auf die Gröditzer Fabrik zurückzuführen sind.

Um die Behauptung, daß das Brunnenwasser durch die Unreinlichkeiten des Flusses unbrauchbar gemacht würde, beurteilen zu können, ist das Wasser von den drei hauptsächlich in Betracht kommenden Brunnen, dem des Herrn Köhler in Reppis, dem des Herrn Müller Weber in Saathain, dem des Herrn Müller Flössig in Prieschka, untersucht worden. Die Analysen sind in der nachstehenden Tabelle 4 verzeichnet.

Tabelle 4. Untersuchung des Wassers von Brunnen an der Röder
(Milligramme im Liter).

Ort der Entnahme	Reppis	Röder bei R.	Prieschka	Röder bei P.	Mühle Saathain	Röder bei S.	Reppis
Untersucher	Gärtner	Metge	Gärtner	Spitta	Gärtner	Spitta	Gärtner
Zeit	4. 4. 1911	30. 4. 1910	4. 4. 1911	4. 4. 1911	4. 4. 1911	8. 8. 1911	23. 8. 1911
Abdampfrückstand	960	576	1180	244	450	881	1200
Glührückstand	610	355	720	143	200	318	620
Glühverlust	350	221	460	101	250	563	580
Kalk	130,0	675	57,5	38,5	42,5	—	135
Magnesia	81,05	241	70,0	17,0	25,02	—	48,6
Schwefelsäure	82,76	109,8	78,1	—	48,06	—	97,84
Gesamt-Härte (Deutsche Grade):							
berechnet	22,4	10,2	22,0	6,2	7,7	7,8	20,1
gefunden	24,3	—	16,5	—	7,5	—	19,8
Bleibende Härte	16,5	—	18,4	4,2	7,2	—	16,6
Chlor	149,10	38,3	175,5	24 (am 8. 4.)	99,4	20	266,25
Ammoniak	starke Spuren	deutlich	starke Spuren	—	Spuren	sehr deutlich	stark vorhanden
Salpetrige Säure	0	0	0	0	0	0	0
Salpetersäure	starke Spuren	Spur	Spuren	—	0	—	0
Kaliumpermanganat-Verbrauch	118,7	908	174,3	233	179	1448,0	2559,37
Eisen	unter 0,15	—	4,25	—	2,75	—	—
Opt. Helligkeitsprüfung	71	—	180	—	188	—	—

Aus ihnen ergibt sich eine für die dortigen Verhältnisse hohe Härte bei den Brunnen in Reppis und Prieschka; bei Saathain ist dieselbe nur etwas höher wie im Flußwasser. Mit den Härten stimmen überein die Gehalte an Kalk, Magnesia und auch an Schwefelsäure. Sie differieren mit den Gehalten des Flusses, besonders was Kalk und Magnesia angeht, erheblich, bei der Schwefelsäure tritt der Unterschied weniger zu Tage. Bei den Abdampfrückständen überwiegt der Glührückstand gegenüber dem Glühverlust ganz bedeutend, während im Flußwasser der Glühverlust den Glührückstand bei weitem übersteigt. Ein Vergleich der Zahlen, die sich auf das Flußwasser beziehen, mit den Zahlen des Brunnenwassers läßt so erhebliche und nach verschiedenen Richtungen auseinandergehende Differenzen erkennen, daß ein Zusammenhang zwischen Brunnen und Bach und eine Verschlechterung des Brunnenwassers durch das Bachwasser nicht angenommen werden kann.

Ganz schlagend tritt der Unterschied hervor bei dem Vergleich der für das Chlor gewonnenen Zahlen. Während bei den Brunnen Chlor zwischen 100 und 175 mg gefunden wurde, ist bei dem Fluß die Zahl 40 mg kaum erreicht.

Schon aus dieser einen Zahlenreihe muß man mit Sicherheit einen Einfluß der Röder auf die Brunnen verneinen.

Der schlechte Geschmack des Wassers, die braune Farbe, welche wohl die Veranlassung waren, eine Verschmutzung durch das unappetitliche Bachwasser anzunehmen, beruhen auf dem Vorhandensein von Braunkohlenteilen, die sich im Boden finden und die sich zur trocknen Jahreszeit, während welcher das Wasser konzentrierter ist, besonders deutlich bemerkbar machen. Das Auftreten von brauner Farbe in bis dahin klaren Wässern ist von einem der Herren Referenten im Jahre 1911 wiederholt beobachtet worden.

An dem schlechten Brunnenwasser ist die Fabrik unschuldig.

6. Abhilfemaßnahmen.

Bereits getroffene Abhilfemaßnahmen.

Bereits in dem ersten Abschnitt des Gutachtens ist gesagt worden, daß die Zellulosefasern in vollständig ausreichender Weise im Betrieb und durch Absitzbecken beseitigt werden.

Um die freie schweflige Säure aus den Kocherablaugen möglichst zu entfernen, ist ein großes Übertreibhaus eingerichtet, wo sie nach Möglichkeit abgesogen wird. Die mit den Waschwässern vermischte Kocherablauge fällt dann in kleinen Kaskaden in einen offenen Graben; die Absicht ist, daß hierbei auch freie schweflige Säure oxydiert werde. Allerdings hat diese Einrichtung keinen nennenswerten Erfolg. Der Graben ist mit weichen Kalksteinen, Tuffsteinen, ausgelegt und über diese Steine, die 185 qm decken, und zwischen ihnen hindurch fließt das Abwasser, um die schweflige Säure an den Kalk zu binden. Das hierbei erzielte Resultat muß man indessen als gering bezeichnen; die Steine umgeben sich sehr bald mit einer undurchlässigen Schicht von Gips. Mehr leistet die Mischung des Abwassers mit den großen Mengen Röderwasser zur Speisung des Schlängelteichs. Das wird dadurch bewiesen, daß sich beim Austritt des Schlängelteichwassers in die Röder nur noch 8,6 mg schweflige Säure im Liter finden.

Um einer stärkeren Verschmutzung des Röderwassers vorzubeugen, ist behördlicherseits angeordnet worden, daß die Ablaugen von den Kochern bis zu einer Wassertemperatur von 20^0 R mindestens um das Dreihundertfache und bei höheren Temperaturen mindestens um das Fünfhundertfache durch das Flußwasser verdünnt sein müssen. Der eventuelle Überschuß an Abwasser muß so lange in die Absitzbecken geleitet werden, bis die Röder wieder so viel Wasser führt, daß die erwähnten Verdünnungsgrenzen überschritten sind. Die Fabrikleitung hat einen Apparat beschafft, welcher dieses Verhältnis durch ein Läutewerk anzeigt; erklingt dasselbe, so muß durch dreimalige tägliche Untersuchung (Titration mit Jodlösung) das tatsächliche Verdünnungsverhältnis ermittelt und aufgezeichnet werden. Sämtliche Aufzeichnungen, auch die des Apparats, müssen aufbewahrt und auf Verlangen der Behörde vorgelegt werden.

Als im Jahre 1911 die Verhältnisse ungünstig wurden, hat die Fabrik zwei Kocher außer Betrieb gestellt und die Laugen des einen Kochers teils zur Besprengung der Straßen von Gröditz benutzt, teils in Kesselwagen mit der Bahn zu dem gleichen Zwecke nach außerhalb versandt, zum Truppenübungsplatz usw., so daß nur die Ablaugen eines Kochers in die Röder hineingelassen wurden.

Die Verdünnung 1 : 300 bezw. 1 : 500 bedeutet, daß noch bei einer Wassermasse von 0,625—0,417 cbm/sek. und 0,70 cbm/sek. die Gesamtmenge der Abwässer in die Röder hineingeschickt werden darf.

Um die Pilzbildung möglichst zu beschränken, hat die Fabrikleitung zunächst versuchsweise Birkenruten in den Fluß gehängt, um so Ansiedelungspunkte und somit Wachstumszentren für Pilze zu schaffen. Als sie glaubte, hiermit gute Resultate erzielen zu können, wurde ein Schlängelteich eingerichtet, von, wie schon erwähnt, 1100 m Länge, bis zu 10 m Breite und ca. 0,75 m Tiefe, in welchen 3800—4400 Stück starker Birkenzweige hineingehängt wurden. An diesen Zweigen entwickelt sich Sphaerotilus, wovon sich die Kommission selbst überzeugen konnte. Es ist jedoch ausgeschlossen, durch diese Maßnahme einen irgendwie nennenswerten Erfolg zu erzielen, dazu ist die Menge der auszuscheidenden Zuckerstoffe viel zu groß und die Zeit, welche das Wasser in dem Schlängelteiche verweilen kann, zu klein.

Überlegt man, was die Fabrik getan hat, um Unzuträglichkeiten zu verhüten, so ist das in der Tat nicht wenig. In den Anklageschriften der belästigten Unterlieger findet man nicht selten den Vorwurf, die Fabrik tue nichts, um die Belästigungen zu verhindern. Diese Auffassung, die aus dem zweifellos berechtigten Gefühle des Unwillens herausgewachsen ist, muß jedoch als irrig bezeichnet werden. Die Teilnehmer an den Besichtigungen haben den Eindruck bekommen, daß die Fabrik die ihr auferlegten Verpflichtungen erfüllt hat, und daß sie bereit war und ist, die Unzuträglichkeiten nach Möglichkeit zu beseitigen. Sie wünscht nur nach dieser Richtung hin bestimmte Angaben.

Weitere in Betracht kommende Abhülfemaßnahmen.

Die vorstehend besprochenen Mittel haben, wie die Erfahrung gelehrt hat, nicht genügt, schwere Unzuträglichkeiten zu verhindern.

Mit wenigen Worten seien die Endziele gekennzeichnet, welche erreicht werden müssen.

a) Durch die Abwässer der Fabrik ist die Fischzucht in der Röder völlig wertlos geworden. Es wird nur Entschädigung für den entgehenden Fischereigewinn in Erwägung kommen können.

b) Die Wiesenberieselung leidet durch die Auflagerung von faulendem Schlamm und von Pilzen. Das Streben muß dahin gehen, Schlamm- und Pilzbildung in der Röder zu verhindern.

Sollte (siehe S. 207) die schweflige Säure des zum Anfeuchten der Wiesen verwendeten Röderwassers den Pflanzenwuchs schädigen, was zunächst durch Versuche festgelegt werden müßte, dann wäre der Überschuß an freier Säure so weit fort zu nehmen, daß eine Beschädigung des Graswuchses ausgeschlossen ist.

c) die üblen Gerüche sind unbestreitbar und zeitweise unerträglich. Es ist erforderlich:

1. Schwefelwasserstoffbildung durch die Verhinderung der Schlammablagerung und Pilzablagerung und möglichst auch die Pilzbildung selbst zu beseitigen.

2. Den spezifischen Geruch so gering als möglich zu gestalten und ihn selten in die Erscheinung treten zu lassen.

Den vorstehenden Forderungen gerecht zu werden, kann man auf verschiedene Weise versuchen.

Die Menge der Ablaugen läßt sich bei dem Mitscherlichschen Verfahren nicht vermindern. Die Frage wäre, ob sich die Laugen nicht nützlich verwerten lassen, so daß die Fabrik ein Interesse daran hat, sie aufzuarbeiten.

Da die Laugen fast überall unangenehm empfunden werden, und sie eine Menge brauchbarer Substanzen enthalten, hat man sich vielfach mit ihrer Aufbereitung beschäftigt.

Bei dem großen Gehalt der Laugen an Klebstoff war es naheliegend, diesen herauszunehmen und für ihn eine ausgedehnte Verwendung zu suchen. Schon seit 20 Jahren existiert ein Patent der Klebstoffgewinnung, aber es wird kaum benutzt. In der letzten Zeit verwendet man den Klebstoff zur Fabrikation von Linoleum. Es dürfte jedoch schon eine recht große Linoleumfabrik dazu gehören, um den sämtlichen in den 180 cbm enthaltenen Klebstoff verarbeiten zu können; außerdem ist die Benutzung des Klebstoffs für diese Zwecke bis jetzt kaum über das Stadium der Versuche hinaus gelangt. Für Gröditz kann sie somit nicht in Betracht kommen.

Ähnlich verhält es sich mit der Farbstoffgewinnung aus den Ablaugen. Das sogenannte Lignin soll ein recht reaktionsfähiger Körper sein und für die Fabrikation gewisser Farben sich eignen; ob jedoch der Bedarf für die Lignin genannten Körper so groß ist, daß ihre Gewinnung der Fabrik empfohlen werden könnte, ist mehr als zweifelhaft.

Außerdem weiß man nicht, wie sich bei diesen und ähnlichen Ausnutzungsverfahren die Abwässer gestalten und ob sie für den Fluß indifferent werden. Wahrscheinlich ist das nicht. — Es fehlt also gerade die Sicherheit betreffs dessen, worauf es bei der Gröditzer Fabrik allein ankommt.

Die Verwendung der Ablaugen für Gerbereizwecke stieß bislang, trotzdem sie wiederholt versucht wurde, auf unüberwindliche Schwierigkeiten. Nun ist auf dem letzten Kongreß der Chemiker für Lederindustrie in Frankfurt a. M. (Juni 1912) von zwei deutschen und einem englischen Sachverständigen mitgeteilt worden, daß die Abwässer der Sulfitzellulosefabriken für die Gerberei gut verwendbare Stoffe enthielten. Dabei blieb es unentschieden, ob wirkliche Gerbstoffe oder Füllstoffe oder beide vorhanden sind. Die erzeugten Leder, so wurde behauptet, seien gut und nicht mehr brüchig (wie früher). Eine deutsche Sulfitzellstofffabrik in Westfalen erzeuge die Gerbereistoffe und setze schon recht erhebliche Mengen von ihnen, täglich mehrere

Kubikmeter, ab. Aus 10 cbm Kocherablauge soll ungefähr 1 cbm Gerbereistoff entstehen. Das Verfahren wird schon einige Jahre lang betrieben. Es sei daher auf dasselbe an dieser Stelle aufmerksam gemacht. Zu einer Empfehlung des Verfahrens haben sich die Berichterstatter indessen nicht entschließen können, da sie kein Urteil darüber haben, wie stark der Bedarf an derartigen Stoffen ist und wie die Fabrikation sich gestaltet, ob z. B. schädliche Abwässer dabei entstehen, oder nicht. Zudem kommen zuweilen derartige Mittel rasch auf den Markt, halten sich einige Zeit auf der Höhe und verschwinden wieder. Außerdem ist es möglich, daß an der einen Stelle die Produktion angängig ist und gute Stoffe erzeugt werden, daß sie aber an anderer Stelle und unter anderen Verhältnissen versagt.

Die Verarbeitung der Kocherablaugen zu Brennstoffen ist schon vielfach versucht, hatte aber bis jetzt noch nicht zu greifbaren Ergebnissen geführt. Erst in der letzten Zeit kommen Nachrichten, daß es gelungen sei, das Material in eine haltbare Form zu bringen und ihm seine hygroskopischen Eigenschaften zu nehmen. Es wird abzuwarten sein, ob das angemeldete Patent hält, was es verspricht.

Zwei andere Methoden seien erwähnt, bei welchen eine nutzbare Beseitigung der Abwässer möglich wäre.

Man hat die Behauptung aufgestellt, daß die Menge der zitratlöslichen Phosphorsäure in dem Thomasmehl durch Behandlung mit Kocherablaugen vermehrt würde. Von anderer Seite jedoch ist das bestritten, soviel steht jedoch fest, daß sich das so präparierte Düngemittel nicht eingeführt hat.

Auch da hat übrigens die allerletzte Zeit Neuerungen gebracht. So soll unter Zusatz von Kalkstickstoff die Ablauge eingedickt als Dünger Verwendung finden. Ferner sollen auf der besonders vorbereiteten Ablauge stickstoffsammelnde Bakterien gezüchtet werden. Beide Verfahren sind zum Patent angemeldet. Über das erstgenannte Verfahren liegen Gutachten von Sachverständigen nicht vor, das zweite Verfahren wird zurzeit auf seine praktische Verwertbarkeit geprüft. Es mag sein, daß sich hier ein Weg findet; zur Empfehlung sind die Verfahren indessen noch nicht reif. Das letztgenannte, welches das aussichtsvollere zu sein scheint, ist im Hygienischen Institut der Technischen Hochschule zu Dresden ausgearbeitet worden. Die Aufsichtsbehörde oder die Firma würden also seiner Zeit sich an dieser Stelle leicht über die erzielten Erfolge unterrichten können.

Professor Frank empfahl die in der Ablauge vorhandenen Zucker- und Zellulosearten dadurch auszunutzen, daß man sie den Tieren als Futter gebe, — ein Gedanke, der seine volle Berechtigung hat. Trotzdem schon vor 12 Jahren Professor Stutzer Melasse dem Futter zusetzte, um den Geschmack des Futtermittels zu verbessern, ist es nicht gelungen, das Mittel in die Praxis einzuführen. Mit Genugtuung wäre es zu begrüßen, wenn die Gröditzer Fabrik nach der einen oder anderen der erwähnten Richtungen hin Versuche und Experimente anstellen wollte, aber die Berichterstatter können unmöglich diese unfertigen Verfahren als Abhilfemittel in Vorschlag bringen.

Ein wirklicher Erfolg dahingegen ist betreffs der Ausnutzung erzielt worden durch die Verarbeitung der in den Ablaugen enthaltenen Zuckerstoffe auf Alkohol.

Es lohnt sich, dieser Frage nachzugehen; denn nach Kerp und Wöhler (Arbeiten aus dem Kaiserl. Gesundheitsamt Bd. 32 S. 12) wurden (im Jahre 1908) in Deutschland täglich 1500 Tonnen lufttrockene Zellulose erzeugt; in den hierbei entstehenden 15000 cbm Abwasser sind 1500 Tonnen Abdampfrückstand enthalten; in ihnen eingeschlossen sind 150 Tonnen Schwefel und 225 Tonnen Zuckerarten.

Nach Angabe von Schwalbe (Zeitschrift für angewandte Chemie 1910 S. 1540) sind in den Kocherlaugen einer Tonne Zellstoff 325 Kilo Kohlehydrate enthalten, von welchen 225 Kilo nicht vergärbar sind. Die vergärbaren hat man in Alkohol zu verwandeln gesucht, und fast alle Autoren kommen zu dem Schlusse, daß auf eine Tonne Zellstoff rund 10 Tonnen Kocherlauge entfallen, aus welchen rund 60 Liter 100 %igen Alkohols gewonnen werden können. Etwa 10 % dieses Alkohols sind Amylalkohol, außerdem finden sich in ihm Azetaldehyd usw., so daß der Sulfitzellulosesprit ein denaturierter, vergällter, Spiritus ist, den in trinkbare Form überzuführen, kostspielig sein dürfte.

Die Gewinnung des Alkohols durchläuft ungefähr folgende Phasen:

Die noch warme Kocherablauge muß zunächst mit Kalk bezw. Kalkschlamm neutralisiert und dann auf ca. 25 °C abgekühlt werden. Soweit der Kalkschlamm nicht durch Dekantieren zu beseitigen ist, wird er durch Filterpressen entfernt. In mächtigen Bottichen, die ungefähr dreimal so groß sein müssen, wie die in einem Tage entstehende Ablauge, wird unter Zusatz von hochgezüchteter Hefe unter Anwendung von Druckluft die Lauge vergoren. Möglicherweise ist hierzu noch ein Zuschlag von Hefenasche und etwas Melasse zu machen. Eine teure Prozedur ist die Abdestillation des Alkohols aus der großen Menge Flüssigkeit, in welcher er sich nur zu rund 0,7 % findet. Die Destillation geschieht in besonderen Kolonnenapparaten. Nach Kiby (Chemikerzeitung 1910 S. 1092) würde sich unter mittleren Verhältnissen in Deutschland die Erzeugung von 1 Hektoliter Alkohol aus Kocherablauge auf rund 10 Mark stellen. (In Schweden stellt sich das Liter auf 25 Öre.) Hierbei darf jedoch nicht vergessen werden, daß die Ersteinrichtung einer derartigen Sulfitlaugenspritfabrik sehr teuer ist. Reduziert man die Sätze Kibys, welcher eine Zellstoffproduktion von 60 Tonnen pro Tag annimmt, auf $1/3$ = 20 Tonnen also die Tagesproduktion der Gröditzer Fabrik, so würde die Ersteinrichtung mindestens 63—75000 Mark kosten, welche zu 10 % amortisiert werden müßten.

Deutschland produzierte im Jahre 1911 gegen 360 Millionen Liter Spiritus; aus den gesamten Sulfitlaugen aller Zellulosefabriken Deutschlands ließen sich nach Kiby hinzugewinnen 33 Millionen Liter denaturierten Spiritus (es ist überall mit 100 % Spiritus gerechnet). Die Steuergesetzgebung Deutschlands schützt die kleineren Spiritusfabriken im Interesse der Schlempegewinnung und damit indirekt die Landwirtschaft. Die auf die kleineren Brennereien fallenden Steuern sind relativ gering. Die älteren, größeren Fabriken haben durch das Gesetz außer der Steuer noch eine Betriebsauflage zu zahlen, wobei aber ein Durchschnittsbrand abzuziehen ist. Neue Fabriken müssen die ganze Betriebsauflage ohne die milderen Abgaben für einen Durchschnittsbrand tragen. Sulfitzellulosespritfabriken würden zu der letzteren Gruppe rechnen. Die Steuer pro Hektoliter würde sich daher zurzeit auf 22 Mark belaufen,

d. h. der denaturierte Spiritus könnte nur zu 30 Mark rund für das hl ohne Schaden verkauft werden. Nun besteht schon ein gewisser Überschuß an ihm, so daß der Preis nicht ganz 30 Mark erreicht, und schon jetzt müßte eine derartige Fabrik von vornherein mit einem gewissen Verlust rechnen. Würden die sämtlichen Zellulosefabriken auf den Weg der Spiritusfabrikation gedrängt, so würde sich ein erheblicher Überschuß an Sprit herausstellen. Entweder würden also die Preise stark gedrückt oder es müßten neue Absatzgebiete für den denaturierten Spiritus gefunden werden. Wenn auch nicht anzunehmen ist, daß viele der deutschen Sulfitzellstofffabriken die Alkoholgewinnung betreiben werden, so ist es doch schwer einer Fabrik eine Auflage zu machen, welche von vornherein eine Rentabilität unwahrscheinlich macht. Allerdings braucht die Fabrik aus ihren Ablaugen keinen Nutzen zu ziehen, sie muß zufrieden sein, wenn sie die Ablaugen ohne zu großen Schaden beseitigt. Man kann jedoch kaum einer Fabrik eine derartige Auflage machen, wenn man nicht die Sicherheit hat, daß die Abwässer durch die Behandlung definitiv unschädlich werden. Durch die Untersuchungen von Prof. Hofer-München steht fest, daß der Sphaerotilus natans vor allem in den vergärbaren Zuckerstoffen seine Nahrung findet; wo solche fehlen, kommt er in belästigender Weise nicht vor. Wird also durch den Vergärungsprozeß der Zucker zerstört, so ist mit einer stärkeren Wucherung des Sphaerotilus wohl nicht mehr zu rechnen.

Neben ihm jedoch kommen noch andere Pilze vor, so ist in der Röder Fusarium aquaeductuum gefunden worden; es soll besonders in leicht sauren, aber auch in leicht alkalischen Wässern wachsen. Wenn letztere Angabe richtig ist, so würde sein Wachstum in der Röder später nicht ausgeschlossen sein, da eine fast völlige Neutralisation Vorbedingung der Vergärung ist.

Außerdem ist es möglich, daß andere Pilze, z. B. Leptomitus lacteus, auftreten. Sollte der Zusatz von Mineralsalzen für das Wachstum der Hefen notwendig werden, oder sollten größere Mengen der bei der Destillation abgetöteten Hefe in das Flußwasser gelangen, so liegt eine solche Gefahr nicht fern. Es fehlt also zurzeit noch an der nötigen Sicherheit, daß wirklich durch die Spritgewinnung die Pilzgefahr beseitigt und die Abwasserfrage gelöst wird. Auch aus diesem Grunde fehlt die Berechtigung, der Fabrik die Auflage zu machen, ihre Kocherablaugen auf Alkohol zu verarbeiten.

Man kann nicht verlangen, daß die Fabrik eine Anlage schafft, die allein über 60000 Mark an Ersteinrichtung kostet, wenn nicht sicher ist, daß das Verfahren wirklich die entstehenden Schädigungen beseitigt.

Es käme auch in Erwägung, ob man sich nicht mit der Vergärung allein ohne die Alkoholgewinnung begnügen könnte; dann fiele der Kolonnenapparat, der mit 30000 Mark veranschlagt ist, fort, und es würden die laufenden Kosten einschließlich 10 % Amortisation 17000 Mark jährlich betragen. Die alkoholhaltige Flüssigkeit wäre in den Fluß zu geben. Ob der Sphaerotilus sich nicht von Alkohol ernähren kann, ist nicht bekannt. Man würde also eventuell der Fabrik eine unrationelle Auflage machen. Außerdem ist zu beachten, daß die Zellulosefabrik an der bloßen Alkoholvergärung, die ihr 17000 Mark Ausgaben jährlich ohne jeden Gewinn brächte, kein volles Interesse haben kann. Die Berichterstatter konnten daher zu diesem Vorschlag nicht kommen.

Sehr dankenswert und für das allgemeine Wohl von der größten Bedeutung wäre es indessen, wenn in Deutschland eine Zellulosefabrik veranlaßt werden könnte, ihr Abwasser zu Alkohol zu vergären. Selbstverständlich könnte das nicht versucht werden, ohne daß seitens der Behörden die erforderliche Unterstützung gewährt würde. Die Frage ist jedenfalls von solcher Wichtigkeit, daß die Berichterstatter nicht an ihr vorübergehen zu dürfen glaubten, vielmehr sich für verpflichtet hielten, die gedachte Anregung zu geben.

Die Freihaltung des Flusses von den Abwässern kann auch geschehen ohne deren Verarbeitung. So hat man versucht, in weiten Bassins die Laugen ausfaulen zu lassen; das Resultat war nicht gut, ein völliges Ausfaulen trat nicht ein, und der sich entwickelnde üble Geruch war sehr stark.

Naheliegend war es, die organischen Substanzen der Sulfitlaugen über biologische Körper gehen zu lassen und sie so zu oxydieren. Hierzu ist allerdings notwendig eine sehr starke Verdünnung, die wiederum große Körper voraussetzt, wodurch die Anlage sehr kostbar wird. Nach dieser Richtung hin angestellte Versuche haben nirgends einen durchschlagenden Erfolg gehabt, und keine Fabrik arbeitet nach diesem Verfahren.

Die natürliche biologische Reinigung, das Rieseln fand bis zum Jahre 1908 bei keiner deutschen Fabrik Anwendung. Seit einiger Zeit gibt die dicht oberhalb Königsbergs gelegene Sulfitzellulosefabrik ihr Abwasser in die städtischen Kanäle hinein und läßt sie mit den städtischen Abwässern verrieseln. Der Vorschrift nach sollen 20 Teile Lauge auf 1000 Teile Kanalwasser kommen. Nun führte aber die Fabrik ihr Abwasser gleichmäßig ab, während die Stadt ihr Abwasser je nach dem Stundenanfall auf die Rieselfelder schickte; dadurch wurde die Zahl 20:1000 zeitweise nicht inne gehalten; auf den Rieselfeldern machte sich angeblich sowohl übler Geruch, als auch eine Schädigung der Pflanzen bemerkbar. Professor Stutzer wurde beauftragt der Sache nachzugehen.

Schädigend konnte sein:

1. Die freie schweflige Säure. Die Untersuchungen zeigten, daß 0,2 g freie $SO_2 = 0,3$ g SO_3 im Liter Abwasser stark und rasch schädigten. Die Wirkung der schwefligen Säure läßt sich jedoch herabmindern durch eine vorsichtige automatische Zugabe von Kalkmilch.

2. Durch den Kalkzusatz entstehen neutrale schwefligsaure Salze. Prof. Stutzer fand, daß nennenswerte Schäden noch nicht eintraten, als 60 Teile neutralisierter Lauge auf 1000 Teile Kanalwasser kamen und als von der Saat bis zur Ernte in acht Gaben die besprochene Lauge 80 mm hoch auf das Feld gefüllt wurde. Bei größeren Dosen der neutralen Salze machten sich schon nennenswerte Schädigungen bemerkbar.

Da die Gröditzer Fabrik erheblich öfter als 8 mal im Jahre dasselbe Stück Land berieseln muß, so ist es erforderlich, die möglichst neutral gemachten Ablaugen erheblich stärker zu verdünnen, als das Stutzer-Königsberg getan hat. Es empfiehlt sich, die Kocherablaugen um das doppelte, also von 60 auf 1000 Teile bis zu 30 auf 1000 Teile abzumindern. Dann würden in einem Liter der Mischung außer den Salzen immer noch 3—4 g organische Substanzen der Kocherablauge enthalten sein.

Nimmt man an, daß die Gröditzer Fabrik täglich 120 cbm Ablauge abgibt, und daß in den Spülwässern weitere 20 cbm enthalten sind, so hat man mit im ganzen 140 cbm Kocherablauge zu rechnen, welche nach dem Vorstehenden auf 4700 cbm oder rund 5000 verdünnt werden müßten. Das heißt: um nicht mehr als 30 g neutralisierter Lauge pro Liter Wasser auf das Rieselfeld zu bringen, was notwendig ist, um die Früchte nicht zu schädigen, müßte das gesamte Abwasser der Fabrik, welches nach den Angaben auf Seite 190 rund 5000 cbm beträgt, verrieselt werden.

Die deutsche Stadt, welche am meisten Rieselwasser, nämlich 90 cbm auf den ha bringt, ist Danzig. Nehmen wir statt 90, 100 cbm pro Tag, so wären für die Fabrik Gröditz 50 ha notwendig. So viel Land besitzt die Fabrik nicht. Dicht am Schlängelteich hat sie ein Grundstück von 1,66 ha, das ist kaum beachtlich. 10 ha liegen zwischen Röder und Bahn, aber so zwischen Reppis und Röder eingekeilt, daß es nicht geraten erscheint, dort die spezifisch riechende Lauge zu verrieseln. Weiter östlich zwischen dem Kanal und der Röder wären nach Angabe der Königl. Sächs. Amtshauptmannschaft Ländereien vielleicht zu erwerben; nördlich in der Gemeinde Stolzenhain sollen nach Mitteilung der Königl. Preuß. Regierung 10 ha verfüglich gemacht werden können.

Ob die benachrichtigenden Stellen über die Geeignetheit des Bodens zur Berieselung vollständig unterrichtet sind, kann bezweifelt werden, weil dazu umfassende Untersuchungen notwendig sind.

Der Boden besteht aus Sand, die ganze Gegend ist sehr flach und das Grundwasser steht überall hoch. So ergaben Aufgrabungen im Oktober 1910, welche bei der Fabrik bei Gröditz gemacht wurden, daß das Grundwasser sich schon bei 1,20 bis 1,50 m Tiefe fand. Es ist anzunehmen, daß die Verhältnisse in weiterer Entfernung nicht wesentlich andere sind. Das Gebiet ist vielfach sumpfig und es ist wenigstens teilweise mit torfigem Boden zu rechnen, welcher bekanntlich zur Rieselei sich sehr wenig eignet. Günstig sind somit die Bodenverhältnisse für die Rieselei anscheinend nicht und es darf mit Recht als aussichtslos angesehen werden, die ganzen Abwässer nutzbringend verrieseln zu können.

Wollte man auf erheblich kleinerer Fläche, als angegeben ist, rieseln, dann liegt die Gefahr der Versumpfung, eventuell der Fäulnis vor, denn die Menge der in dem Wasser enthaltenen zersetzungsfähigen Substanzen ist doch eine recht große, rund 7 mal so groß, wie sie in den städtischen Abwässern vorzukommen pflegt, und es ist nicht ausgeschlossen, daß die Rieselfelder bald versagen würden.

Es ist zu berücksichtigen, daß nur gerieselt werden würde bei knappem Wasser. Hierdurch würde zwar eine starke Erholung des Rieselfeldes in den Zeiten höheren Wassers möglich sein, da jedoch 6 Monate und mehr ganz niedriges Wasser sein kann, wo also gerieselt werden müßte, so ist dennoch die Beanspruchung der Felder eine sehr starke. Man muß ferner berücksichtigen, daß 4700 bezw. 5000 cbm Wasser am Tage bei 1 cbm/sek. Röderwasser $^{1}/_{20}$, bei 0,5 cbm/sek. $^{1}/_{10}$ der ganzen

Flußwassermenge entsprechen. Wenn auch ein großer Teil des Rieselwassers wieder der Röder unterirdisch zufließt, so wäre doch eventuell mit einem starken Einspruch der zunächst an der Röder liegenden Eigentümer wegen Wasserfortnahme aus dem Flusse zu rechnen.

Aus allem folgt, daß die Rieselei, wenn überhaupt, so doch nur in mäßigem Umfang betrieben werden kann. Das Versickernlassen der Ablauge möge mit einem Teil derselben versucht werden. Hofer brachte 1 cbm verdünnte Ablauge auf 100 qm Land, welches in 1 m Tiefe drainiert war. Hierbei wurde alles Pflanzenleben vernichtet, auch die Bakterien der obersten 10—20 cm des Bodens gingen zugrunde. In der Tiefe aber blieb das Bakterienleben rege. Das Drainwasser wies keine Zucker mehr auf und enthielt nur noch 50% der ursprünglich vorhanden gewesenen Substanzen. Das Verfahren hat noch nicht so lange bestanden, daß man über seine dauernde Leistungsfähigkeit unterrichtet ist.

Man muß berücksichtigen, daß in Gröditz Zeiten der Ruhe auf Zeiten des Betriebes folgen können, also eine gewisse Erholung des Bodens möglich erscheint. Eine fortgesetzte chemische Analyse des Drainwassers wäre erforderlich.

Prüft man die Brauchbarkeit der verschiedenen erörterten Mittel, so läßt sich nur sagen: Ein spezifisches oder auch nur ein durchschlagendes gutes Mittel, wodurch das Wasser der Zellulosefabrik für die Röder unschädlich gemacht werden könnte, gibt es nicht; mit einem Federstrich läßt sich die Angelegenheit nicht ordnen; notwendig ist vielmehr verschiedene Wege zu beschreiten, je nach den Verhältnissen.

Empfehlenswerte weitere Maßnahmen.

Verlangt muß werden:
a) die Vermeidung der Luftverpestung,
b) die Unterlassung einer Verunreinigung und einer Versäuerung der Wiesen,
c) die Vermeidung von Schäden der Fischerei.

Soll in diesen Richtungen überhaupt etwas erreicht werden, so ist vor jeder anderen Maßnahme unbedingt zu verlangen:

1. Ein unbehinderter Abfluß des Wassers bis zur schwarzen Elster. Von Gröditz bis zur Elster beträgt die Länge des Flußlaufs ungefähr 12 km, die Höhendifferenz 6 m, das Terrain liegt bei Gröditz auf 93 m, unterhalb Prieschka auf 87 m, das heißt auf jedes Kilometer ist 0,5 m Gefälle. Es würde ausreichen, die Wässer gut abzuführen, wenn vor allem die Mühlstaue, der eine bei Saathain, ca. 6,5 km unterhalb Gröditz, der andere bei Prieschka ca. 12 km unterhalb, beseitigt wären. Die größten Störungen, die erheblichsten Unannehmlichkeiten haben sich bei den Mühlen gezeigt. Dort staut das Wasser, die in ihm enthaltenen gelösten Substanzen haben Zeit zur Zersetzung, dort fallen die Pilze und sonstigen Schlammteilchen aus und gehen in stinkende Fäulnis über, dort wirkt die Sonne am intensivsten auf das gestaute Wasser und läßt den Kocherlaugengeruch am deutlichsten hervortreten. Ohne eine Beseitigung der Mühlen lassen sich die Kocherablaugen und die ersten Spülwässer überhaupt nicht ableiten, wenn Belästigungen und

Schädigungen vermieden werden sollen. Das Verschwinden der Mühlstaue und eine entsprechende Regulierung des Gefälles ist eine unerläßliche Bedingung.

2. In einem so gewundenen Flusse, wie es der nicht regulierte Teil der Röder ist, kommt es leicht zu einem teilweisen Stagnieren des Wassers, zum Absetzen von Schwimmteilchen und zu Zersetzungen. Wenn es möglich ist, die Röder auf sächsischem Gebiet und in ihrem unteren, preußischen Teile zu regulieren, was doch wohl nur eine Frage der Zeit sein dürfte, so würde damit der Beseitigung der Unzuträglichkeiten ein großer Vorschub geleistet.

Zurzeit muß man sich damit begnügen, daß die Röder regelmäßig gefegt werde, wie das teilweise auch jetzt schon geschieht. Die Unterlassung der Röderreinigung an der Mühle in Prieschka hat zweifellos stark zu den dort aufgetretenen Belästigungen des letzten Sommers beigetragen.

Es ist zu wünschen, daß die Königl. Preußischen und die Königl. Sächsischen Grenzbehörden sich bezüglich des Fegens der Röder einigen, so daß in Sachsen die Reinigung beginnt und in Preußen die Fortsetzung ohne weiteres sich anschließt. Durch Annahme dieses Vorschlags würde nur eine Regelung getroffen, die zurzeit wohl zum Teil, aber noch nicht ausnahmslos sich vorfindet.

Die Reinigung möge, wie das schon jetzt geschieht, bei Niedrigwasser im Monat Mai oder Juni ausgeführt werden, damit die warmen Monate einen reinen Fluß vorfinden.

3. Die Fischerei in der Röder ist im ganzen minderwertig. Die Fabrik tut gut, um die Klagen verschwinden zu lassen, die Fischerei im Fluß von Gröditz bis zur schwarzen Elster zu pachten. Die Geldsumme, die hierzu nötig ist, kann nicht groß sein; die Fabrik kann dann Versuche, die sie doch wahrscheinlich anstellen muß, unbehindert vornehmen. Gelingt es ihr, die Fischzucht wieder hoch zu bringen, so kann sie von weiterer Pachtung absehen.

Werden diese Vorbedingungen erfüllt, so mögen alsdann die Kocherablaugen, Spülwässer und Waschwässer folgendermaßen behandelt werden.

1. Bei höherem Wasser in kühler Jahreszeit sollen die neutralisierten Kocherablaugen und ersten Spülwässer täglich nur während einer Stunde in den Fluß gelassen werden.

Nach den Untersuchungen von Hofer-München verkümmert der Sphaerotilus, wenn er nur einmal am Tage genährt wird. Sofern diese Annahme auch für die Röder richtig ist, würde durch die stoßweise Einlassung die Pilzwucherung erheblich vermindert und das wüste Pilztreiben, wie wir es im April 1911 sahen, vermieden werden, das Rieseln würde dann eine deckende, den Graswuchs behindernde Haut von Sphaerotilus, über welche jetzt geklagt wird, nicht mehr bewirken. In der Elster kann keine Schädigung eintreten, da die Pilzwucherung bei dem starken Fließen des regulierten Wassers nicht erheblich, jedenfalls nicht belästigend werden würde; verhindern läßt sie sich naturgemäß nicht. Die Mühle in Liebenwerda würde wahrscheinlich an ihren Rechen nichts von Pilzen merken. Vorbedingung für das stoßweise Einlassen der Ablaugen ist allerdings die Beseitigung der Mühlstaue.

Die in die Gröditz eingelassenen Waschwässer sind nicht indifferent, denn auch sie enthalten noch Zucker und mit einer gewissen Sphaerotiluswucherung in kühler

Zeit ist zu rechnen, sie wird aber wahrscheinlich wesentlich geringer sein, wie sie bis jetzt gewesen ist.

2. Zur Sommerszeit kann bei höherem Wasser d. h. Mittelwasser von 2,6 cbm, die Kocherlauge und das erste Spülwasser auf rund 500 cbm verdünnt noch ohne Schädigung stoßweise in die Röder eingelassen werden. Der rasche Abfluß und die höhere Temperatur lassen eine ausgiebige Pilzwucherung nicht aufkommen, der Fluß ist kurz vorher gefegt, größere Schlamm- uud Pilzmengen fehlen also, und bei eventuellen Überschwemmungen würden weder Pilze noch Schlammteilchen das Futter für die Tiere verderben.

Rücksicht ist allerdings darauf zu nehmen, daß das Fabrikabwasser genügend neutralisiert wird, damit die Säure auf die Pflanzen des Riesel- und Überschwemmungsgeländes nicht mehr schädigend einwirken kann.

Wenn es auch der Annahme nach richtig sein dürfte, die Ablaugen stoßweise in die Röder zu schicken, so möge das doch zunächst nur versuchsweise geschehen. Bei nicht günstigem Ausfall wären die Laugen wieder über den ganzen Tag zu verteilen. Bei langsamer Einführung der Abwässer und Mittelwasser der Röder würde die Verdünnung in der Elster etwa 1:9000 betragen, also noch innerhalb der Grenzen liegen, wo Sphaerotilus zu wachsen vermag.

Für die Laugen und ersten Spülwässer ist ein besonderes Bassin zu schaffen von nicht unter 500 cbm Inhalt, die Entsäuerung hat stattzufinden durch Zusatz von Kalkmilch. Es ist erwünscht, nicht bis zur vollen Neutralisation zu gehen, sondern nur bis in die Nähe derselben, weil der Fluß selbst noch neutralisiert.

3. Bei kleiner Wasserführung, im Winter, können die Waschwässer in regelmäßigem, über den ganzen Tag verteilten Zulauf in die Röder geleitet werden, wobei es wünschenswert ist, sie vorher den Schlängelteich passieren zu lassen. Die Kocherablaugen und ersten Spülwässer mögen direkt ohne den Schlängelteich zu durchlaufen in längstens einer Stunde in die Röder gegeben werden, jedoch ist darauf zu achten, daß das zu einer Zeit geschieht, wo die Lauchhammerwerke ihre Schleusen kurz vorher gezogen haben, damit das dann mächtig andringende Wasser die Laugen schnell wegspüle. Die Erwartung besteht, daß bei dieser Behandlung Pilzwucherungen lästiger Art in der Röder und Elster nicht auftreten; erwähnt sei, daß schon jetzt über winterliche Störungen nicht geklagt wird.

4. Die eigentlichen Belästigungen und Schädigungen treten ein bei niedrigem Wasser und hoher Temperatur.

Sofern freie Vorflut geschaffen ist, die Pilzwucherung in der kühleren Jahreszeit niedrig gehalten wird, somit die Schlammbildung möglichst vermieden ist, kann eine störende Bildung von Schwefelwasserstoff nicht auftreten, dahingegen kann sich Kocherlaugengeruch unangenehm bemerkbar machen.

Bis jetzt mußten die Kocherablaugen zurückgehalten werden bei einem Verhältnis von 1:300, wenn die Wassertemperatur unter 20° R betrug; war die Temperatur höher, so durfte bei einem Verhältnis von 1:500 abgelassen werden, d. h. die Kocherlaugen flossen, da eine Temperatur von 20° R im Wasser wohl nur höchst selten überschritten wird, sämtlich bei 0,417 cbm/sek. Röderwasser in den Fluß ab. Die Erfahrung hat gelehrt, daß hierbei die größten Unzuträglichkeiten sich ereigneten.

Es empfiehlt sich daher, daß die Kocherablaugen und ersten Spülwässer zurückgehalten werden bei weniger als 1,1 cbm/sek. (mittleres Niederwasser), und zwar muß die Zurückhaltung erfolgen während der Zeit vom 1. Juni bis 10. September; innerhalb dieser Periode liegt die Lufttemperatur im 50jährigen Durchschnitt über 16,0° C.

Die Waschwässer mögen zum freien Abfluß gelangen.

Die Tabelle 5 (Seite 221) zeigt die Temperaturverhältnisse.

Wenn mehr als 1,1 cbm/sek. Wasser fließt, so darf für je 0,25 cbm/sek. Röderwasser über diese Menge hinaus, täglich 20 cbm Ablauge und ebensoviel Spülwasser in den Fluß gelassen werden, so daß bei Mittelwasser = 2,6 cbm sämtliche Lauge eingelassen wird, wie früher bereits angegeben ist.

Sollten sich trotz dieser starken Einschränkung Übelstände einstellen, so hat die Behörde wie das Recht, so die Pflicht, die Einleitung der ersten Spülwässer und der Kocherlaugen gänzlich zu verbieten. Die Abführung der Kocherablaugen und ersten Spülwässer soll wieder vorläufig stoßweise direkt in den Fluß geschehen, die Wasch- und späteren Spülwässer aber sind durch den Schlängelteich zu leiten. Behufs Erzielung raschen Eingreifens der Königl. Sächs. Behörden ist erwünscht, daß die Grenzbehörden (Großenhain und Merseburg) direkt miteinander verkehren.

Sollten zu anderen Zeiten (z. B. Mai, September) bei geringer Wasserführung unter 1,1 cbm/sek., und starken Hitzeperioden sich berechtigte Klagen bemerkbar machen, so muß auf Erfordern der Königl. Sächs. Behörden die Fabrik auch dann die Einleitung der Kocherablaugen ganz oder teilweise unterlassen.

Anderseits darf sie nach eingeholter Genehmigung bei ihrer Behörde bei ausgesprochen kühler Witterung zwischen dem 1. Juni und 10. September ihre Kocherlaugen teilweise nach Maßgabe der Bestimmung der Kgl. Amtshauptmannschaft einleiten mit der Beschränkung, daß die Kgl. Amtshauptmannschaft bei einer Wasserführung unter 1,1 cbm/sek. nicht mehr als den Abfluß von 60 cbm Lauge täglich gestatte. Es erscheint zweckmäßig, daß die oberliegende Behörde der unterliegenden von ihren Maßnahmen Mitteilung mache.

Das Verbot der Ableitung der Laugen schließt noch nicht die Einstellung des Betriebs in sich. Die Fabrik kann versuchen die Kocherlaugen auf andere Weise zu beseitigen.

a) Durch Aufbringung der Laugen auf die Wege als Staubbindemittel. Die Fabrik hat bereits zu diesem Aushilfemittel im Jahre 1911 gegriffen, insofern als sie vom 28. Juni bis zum 10. August einen Teil der Lauge, von da bis 15. September die ganze Lauge von drei Kochern so beseitigt hat. Die klebrigen Ablaugen binden den Staub gut; aber durch jeden Regen werden sie, ebenso wie die zu gleichem Zweck benutzten Chlormagnesiumabwässer der Kalifabriken weggeschwommen. Hierdurch wird ein wiederholtes Besprengen notwendig. Das wäre ja an sich angenehm, aber die Abnehmer kommen wahrscheinlich billiger zum Ziel, wenn sie teerige oder ölige Produkte

Tabelle 5.
Die mittlere Jahrestemperatur in Pentaden in Torgau.

(Zusammengestellt aus den Angaben Seite 213 und Seite 217 des „Deutschen meteorologischen Jahrbuchs für 1903.)

Monat	Pentade	Temp.	Monat	Pentade	Temp.
Januar	1.— 5.	− 0,6	April	1.— 5.	+ 6,6
„	6.—10.	− 0,8	„	6.—11.	+ 7,6
„	11.—15.	− 1,3	„	12.—15.	+ 7,4
„	16.—20.	− 0,7	„	16.—20.	+ 8,6
„	21.—25.	+ 0,0	„	21.—25.	+ 9,6
„	26.—30.	+ 0,3	„	26.—30.	+ 9,7
Februar	31.— 4.	+ 0,4	Mai	1.— 5.	+10,3
„	5.— 9.	+ 0,1	„	6.—10.	+11,6
„	10.—14.	− 0,6	„	11.—15.	+12,7
„	15.—19.	+ 0,7	„	16.—20.	+13,6
„	20.—24.	+ 0,9	„	21.—25.	+14,4
„	25.—29.	+ 1,6	„	26.—30.	+15,2
März	1.— 6.	+ 1,5	Juni	1.— 4.	+16,8
„	7.—11.	+ 2,7	„	5.— 9.	+17,3
„	12.—16.	+ 2,6	„	10.—14.	+16,5
„	17.—21.	+ 3,3	„	15.—19.	+16,4
„	22.—26.	+ 3,9	„	20.—24.	+17,3
„	27.—31.	+ 6,0	„	25.—29.	+17,7
Juli	30.— 4.	+17,8	Oktober	28.— 2.	+13,0
„	5.— 9.	+17,9	„	3.— 7.	+11,5
„	10.—14.	+18,5	„	8.—12.	+10,4
„	15.—19.	+18,9	„	13.—17.	+ 9,4
„	20.—24.	+19,3	„	18.—22.	+ 8,3
„	25.—29.	+18,8	„	23.—27.	+ 7,4
August	30.— 8.	+18,3	November	28.— 1.	+ 6,6
„	4.— 8.	+18,5	„	2.— 6.	+ 5,6
„	9.—13.	+18,3	„	7.—11.	+ 4,7
„	14.—18.	+18,2	„	12.—16.	+ 3,4
„	19.—23.	+17,9	„	17.—21.	+ 2,5
„	24.—28.	+16,2	„	22.—26.	+ 6,9
September	29.— 2.	+16,4	Dezember	27.— 1.	+ 2,1
„	3.— 7.	+16,2	„	2.— 6.	+ 1,0
„	8.—12.	+15,1	„	7.—11.	+ 0,8
„	13.—17.	+14,3	„	12.—16.	+ 1,1
„	18.—22.	+13,5	„	17.—21.	+ 0,4
„	23.—27.	+12,6	„	22.—26.	− 0,4
			„	26.—31.	− 0,5

c.
Mittlere Jahrestemperatur für die Jahre 1864—1890.

	Leipzig	Dresden		Leipzig	Dresden
Höhe über N. N.	119 m	119 m	Juli	+18,28	+18,33
Januar	− 0,91	− 0,25	August	+17,19	+17,62
Februar	+ 0,25	+ 0,80	September	+13,93	+14,30
März	+ 2,63	+ 3,07	Oktober	+ 8,15	+ 8,89
April	+ 7,96	+ 8,20	November	+ 3,41	+ 4,02
Mai	+12,63	+12,79	Dezember	+ 0,30	+ 0,31
Juni	+16,56	+16,45	Jahr	+ 8,32	+ 8,67

verwenden, die widerstandsfähiger gegen Wasser sind. Für die nähere Umgebung von Gröditz ist der Bedarf an Kocherablaugen zweifellos nicht erheblich. Größere Gemeinden gibt es in der Nähe nicht, Großenhain mit seinen 12—13000 Einwohnern liegt schon ziemlich weit entfernt und sein Bedarf ist bald gedeckt. Wesentlich wäre es allerdings, wenn die Fabrik ihre Laugen auf den Truppenübungsplatz bei Zeithain schaffen könnte; es muß jedoch mit Recht befürchtet werden, daß sich auf die Dauer der unangenehme Geruch hindernd in den Weg stellt. Will die Fabrik die Kocherlaugen selbst auf die Chausseen und Wege bringen, so würde das große Kosten verursachen. Ein Kocher liefert täglich an Ablauge und Spülwasser 55—60 cbm, ein zweispänniger Tonnenwagen kann nicht mehr als 2 cbm fassen, es wären also für die Entleerung nur eines Kochers ca. 30 Fuhren erforderlich. Möglich, sogar wahrscheinlich ist, daß die Spülwässer die staubbindende Kraft der Kocherablaugen stark beeinträchtigen. Sollte das der Fall sein, dann müßten die ersten Spülwässer verrieselt werden. Aus dem Angegebenen darf gefolgert werden, daß die Verwendung der Kocherlaugen als Staubbindemittel höchstens als eine Beseitigungsmöglichkeit zu Zeiten großer Dürre im Sommer mit in Frage kommen kann.

b) Durch Rieselei. Es sei auf das bereits oben über die Rieselung Gesagte hingewiesen. Will die Fabrik auf Bodenertrag verzichten, so kann sie immerhin versuchen, geringere Verdünnungen der Lauge, wie vorhin angegeben, zu nehmen; sie würde damit an Gelände sparen. In diesem Falle ist jedoch zu befürchten, daß ein starker Kocherlaugengeruch sich auf dem Felde bemerkbar machen kann. Auch ist an eine Übersättigung und Verschleimung des Bodens zu denken. Es muß darauf geachtet werden, daß das Drain-Abflußwasser keine gärfähigen Zucker mehr enthält.

Wieviel Land in Benutzung genommen werden muß, um einerseits eine geringere Verdünnung zu gestatten und anderseits die vorstehenden Beeinträchtigungen zu verhindern, läßt sich von vornherein nicht sagen; das müßte durch Versuche festgestellt werden; 30 cbm Lauge und ebenso viel Spülwasser pro Tag sollten sich jedoch auf diese Weise ohne größere Schwierigkeiten beseitigen lassen.

c) Am sichersten werden die Kocherablaugen durch das Eindampfen beseitigt, und im Notfall wird die Fabrik wenigstens einen Teil der Ablauge so beseitigen müssen. Aber die Berichterstatter konnten nicht dazu kommen, der Fabrik zu empfehlen, alle Ablaugen einzudampfen, denn damit wäre ihre wirtschaftliche Existenz in Frage gestellt. Das Eindampfen ist sehr teuer, verschieden in den einzelnen Teilen Deutschlands je nach den Kohlenpreisen. Das Eindampfen von 1 cbm Lauge kostet rund 2 Mark und darüber, so daß sich der Zentner fertiger Zellulose um etwa 1,70 Mark im Preise erhöht. Zwar hat der Ingenieur Kayser in Nürnberg ein angeblich kostenloses Eindampfungsverfahren empfohlen. Dasselbe hat indessen bisher von theoretischer wie von praktischer Seite verschiedentlich eine recht abfällige Beurteilung erfahren, so daß die Berichterstatter sich außerstande sehen, dieses Verfahren zu empfehlen, bevor es sich in der Praxis hinlänglich bewährt hat. Bisher ist dieses Verfahren, soviel bekannt, in einer Zellulosefabrik noch nicht zur Anwendung gebracht worden.

Überhaupt gibt es wohl in Deutschland noch keine Fabrik, welche durch Eindampfen ihre ganze Ablauge beseitigt. Wo dieses Verfahren hilfsweise benutzt wird, sind immer besondere Umstände und Bedingungen vorhanden, welche die Durchführung ermöglichen. So z. B. kann die Zellulosefabrik Czulow das Eindampfen eines erheblichen Teiles ihrer Lauge vornehmen, weil die Holzpreise dort recht niedrige sind, die Fabrik in Walsum gibt einen Teil ihrer Kocherablaugen an eine besondere Fabrik ab zur Erzeugung geringer Mengen von Zellpech. Einige andere Fabriken begnügen sich gleichfalls mit einem teilweisen Eindampfen und versuchen, das Produkt irgendwie zu verwerten.

Sollte es sich ermöglichen lassen, daß die Gröditzer Fabrik durch Eindicken der Kocherablaugen Gerbereistoffe gewinnt oder Düngemittel aus ihnen herstellt, so wäre das mit Freuden zu begrüßen, aber zum Eindampfen aller Ablaugen der Fabrik einen Zwang aufzuerlegen, kann nach den bis jetzt über diese Methode vorliegenden Erfahrungen nicht empfohlen werden.

Als letztes Mittel verbleibt der Fabrik, den Betrieb einzuschränken, — ein Hilfsmittel, zu welchem sie im letzten Sommer bereits gegriffen hat, da sie durch Monate hindurch einen Kocher außer Betrieb stellte.

7. Schlußsätze.

1. Der Röderfluß wird seit Jahren auf preußischem Gebiet unterhalb der im Königreich Sachsen gelegenen Zellulosefabrik von Kübler und Niethammer in Gröditz durch die Abwässer dieser Fabrik in sehr erheblicher Weise verunreinigt. Preußischerseits ist daher unter dem 23. April 1910 ein Gutachten des Reichs-Gesundheitsrats darüber erbeten worden, welche Maßregeln zur Bekämpfung der bezeichneten Mißstände aus Rücksichten des öffentlichen Wohles geboten erscheinen.

Der Reichs-Gesundheitsrat äußert sich hierüber auf Grund der ihm von den bestellten Berichterstattern gemachten Darlegungen und nach gepflogener Beratung der Angelegenheit, wie folgt:

2. Die Zellulosefabrik von Kübler und Niethammer arbeitet nach dem Mitscherlichschen Sulfitverfahren und läßt die Ablaugen und Waschwässer einer täglichen Produktion von etwa 20 000 kg lufttrockner Zellulose nach einer im wesentlichen nur mechanischen Reinigung in die große Röder abfließen.

Die große Röder ist ein Flüßchen mit einer Wasserführung von etwa 0,4 sek/cbm bei kleinstem Niederwasser bis 4,5 sek/cbm beim Ausufern des Flusses und mündet 12—13 km unterhalb Gröditz, etwa 5 km oberhalb der preußischen Stadt Liebenwerda, von links in die schwarze Elster ein. Die Wasserführung der letzteren schwankt zwischen 4 und 12 sek/cbm. — Die Mehrzahl der Tage mit Niederwasser fällt auf die Monate Juni bis November.

Die große Röder wird oberhalb Gröditz durch eine Anzahl von Mühlen und zuletzt durch die Lauchhammerwerke aufgestaut. Zur Zeit der Wasserknappheit wird hierdurch das Flußbett zeitweise fast trocken gelegt. Zwischen der Zellulosefabrik in Gröditz und der Mündung der Röder in die Elster findet sich noch je ein Stau bei den Mühlen in Neu-Saathain und bei Prieschka.

3. Infolge Einleitung der Abwässer der Gröditzer Fabrik ist über das Eintreten nachbezeichneter Übelstände in der Vorflut Klage geführt worden:

 a) Die Fischzucht sei bis zur Elster hin zerstört.

 b) Das Wasser der großen Röder sei unbrauchbar geworden zu hauswirtschaftlichen Zwecken, zum Tränken des Viehs sowie zur Wiesenberieselung und Wiesenbefeuchtung.

 c) Das Wasser einiger an der Röder gelegener Brunnen sei durch Eindringen von Röderwasser minderwertig geworden.

 d) Die Zersetzungen, welche sich im Röderwasser und im Schlamme des Flusses abspielen, riefen, wenigstens zur Sommerzeit, einen so intensiven üblen Geruch hervor, daß in den nahe der Röder gelegenen Wohnstätten, besonders in den beiden oben genannten Mühlen, die Fenster zwecks Lüftung nicht geöffnet werden können. Diese Belästigung werde besonders stark empfunden.

4. Die genannten Übelstände sind zurückzuführen:

 a) auf die große Menge organischer Verbindungen des Abwassers, welche, soweit sie schwefelhaltig sind, unter Schwefelabscheidungen und Schwefelwasserstoffbildung in Zersetzung übergehen und außerdem bei eingetretener Verdünnung durch Flußwasser namentlich im Winter Anlaß zu massenhafter Bildung von Abwasserpilzen geben. Die Pilze fallen ihrerseits wieder der Fäulnis anheim.

 b) auf die schweflige Säure in den Abwässern der Zellulosefabrik.

5. Den Übelständen sucht die Fabrik bisher in vergeblicher Weise entgegen zu wirken:

 a) durch Entsäuerung der Kocherablaugen mittels Rieselung über Kalksteine,

 b) durch Abfangen der Abwasserpilze in einem von einem Teil der Röder durchflossenen Schlängelteiche, in welchen eine große Anzahl von Birkenruten eingehängt ist,

 c) durch zeitweise Beschränkung der Einleitung der Ablaugen in die Röder.

In zufriedenstellender Weise erfolgt einstweilen nur die Beseitigung der schwebenden Zellstoffasern aus den Abwässern.

6. In Zeiten mit knapper Wasserführung bestehen die oben genannten Übelstände, wie Ortsbesichtigungen lehrten, zum Teil tatsächlich, zum Teil ist ihr zeitweises Vorhandensein sehr wahrscheinlich. Als unbegründet muß lediglich die Behauptung bezeichnet werden, daß die der Röder benachbarten Brunnen durch das Röderwasser geschädigt werden. Eine Abhilfe der Übelstände ist dringend geboten.

7. Eine Beseitigung der Kocherablaugen auf anderem Wege als durch das Ableiten in den Fluß, z. B. durch Verwertung der Ablaugen zur Herstellung von Klebstoffen, Gerbereistoffen, Farbstoffen, Futtermitteln, Düngemitteln oder Brennstoffen,

ist bisher praktisch noch nicht in einem solchen Maße gelungen, daß eines oder mehrere dieser Verfahren genügen könnten, um die Ablaugen der Gröditzer Fabrik vollständig zu beseitigen. Auch die Herstellung von Alkohol aus den Ablaugen kann unter den derzeitigen Verhältnissen als ein hierzu geeignetes Verfahren nicht angesehen werden. Ebenso kann das Verrieseln der gesamten Kocherablaugen im vorliegenden Falle praktisch nicht in Frage kommen. Vielmehr wird erst die künftige Entwicklung dieser Verfahren abzuwarten sein, ehe das eine oder andere als für den in Rede stehenden Zweck geeignet angesehen werden kann; ein einziges spezifisches oder durchschlagendes Abhilfemittel gibt es für die Beseitigung der durch die Gröditzer Fabrik verursachten Übelstände gegenwärtig also nicht.

Bei dem regen Interesse aber, das man gerade in letzter Zeit der Aufarbeitung der Kocherablaugen zugewandt hat, erscheint es nicht ausgeschlossen, daß in nicht zu ferner Frist Wege gefunden werden, die Kocherablaugen entweder völlig oder bis auf einen nicht mehr schädigenden Rest von den Flüssen fernzuhalten. Aufgabe der Fabrik und der Behörden möge es sein, auf die in dieser Richtung hin erscheinenden Vorschläge und Methoden zu achten, und es möge der Fabrik die Möglichkeit gewährt oder die Auflage gemacht werden, ohne daß indessen die nachstehend vorgeschlagenen Maßnahmen dadurch verzögert werden dürfen, andere Mittel zur unschädlichen Beseitigung ihrer Kocherablaugen mit in Anwendung zu ziehen.

8. Unter den jetzigen Verhältnissen lassen sich nur verschiedene Einzelmaßnahmen zur Abhilfe vorschlagen und zwar folgende:

a) Entschädigung der Fischereiberechtigten;

b) Beseitigung der beiden Mühlstaue in Neu-Saathain und Prieschka durch Aufkauf der Mühlenrechte unter gleichzeitiger Begradigung der Röder, um ein besseres Gefälle zu erzielen;

c) regelmäßige Räumung des Röderflusses bis zur Mündung;

d) zweckmäßiges Einfließenlassen der Kocherablaugen und Spülwässer. Es empfiehlt sich der Versuch, die Kocherablaugen und ersten Spülwässer nach vorangegangener annähernder Neutralisation mittels Kalkmilch stoßweise innerhalb längstens einer Stunde während der kühlen Jahreszeit abzulassen. Die Waschwässer und zweiten Spülwässer laufen in den Schlängelteich ab. In gleicher Weise ist zu verfahren bei Mittelwasser zur Sommerzeit, d. h. bei einer Wasserführung von 2,6 sek/cbm und mehr. Bei einem unter mittlerem Niedrigwasser liegenden Wasserstand, d. h. bei einer Abflußmenge von weniger als 1,1 sek/cbm, dürfen die Kocherablaugen und ersten Spülwässer während der warmen Jahreszeit (vom 1. Juni bis 10. September) nicht eingeleitet werden. Die zweiten Spülwässer und die Waschwässer können zum Abfluß gelangen. Ausnahmen soll die Aufsichtsbehörde auch innerhalb der genannten Zeit bei kühler Witterung mit der Maßgabe zulassen dürfen, daß höchstens die Ableitung von 60 cbm Ablauge täglich erfolgt.

Steigt der Wasserstand, so kann für je 0,25 sek/cbm Zunahme der Wasserführung eine Menge von täglich 20 cbm Kocherablaugen und ebensoviel erstes Spülwasser in die Röder abgelassen werden, so daß bei Mittelwasser, d. h. über 2,6 sek/cbm, die gesamten Kocherablaugen und Spülwässer abfließen. Auch hier soll der Versuch der stoßweisen Einleitung innerhalb längstens 1 Stunde gemacht werden.

9. Sollten trotz der angegebenen Maßnahmen die Übelstände fortdauern, so ist die Abführung der Kocherablaugen und Spülwässer zu verbieten. Als Beseitigungsmittel für diese Laugen und Wässer kämen dann in Betracht deren Verwendung als Staubbindemittel auf den Straßen oder ihre Verrieselung nach entsprechender Verdünnung, oder ihre Eindampfung. Nötigenfalls müssen je nach Lage der Verhältnisse ein oder mehrere Kocher außer Betrieb gestellt oder es muß die Fabrik zeitweise überhaupt stillgelegt werden.

Arb. a. d. Kaiserl. Gesundheitsamte, Band XLIV. Tafel IV.

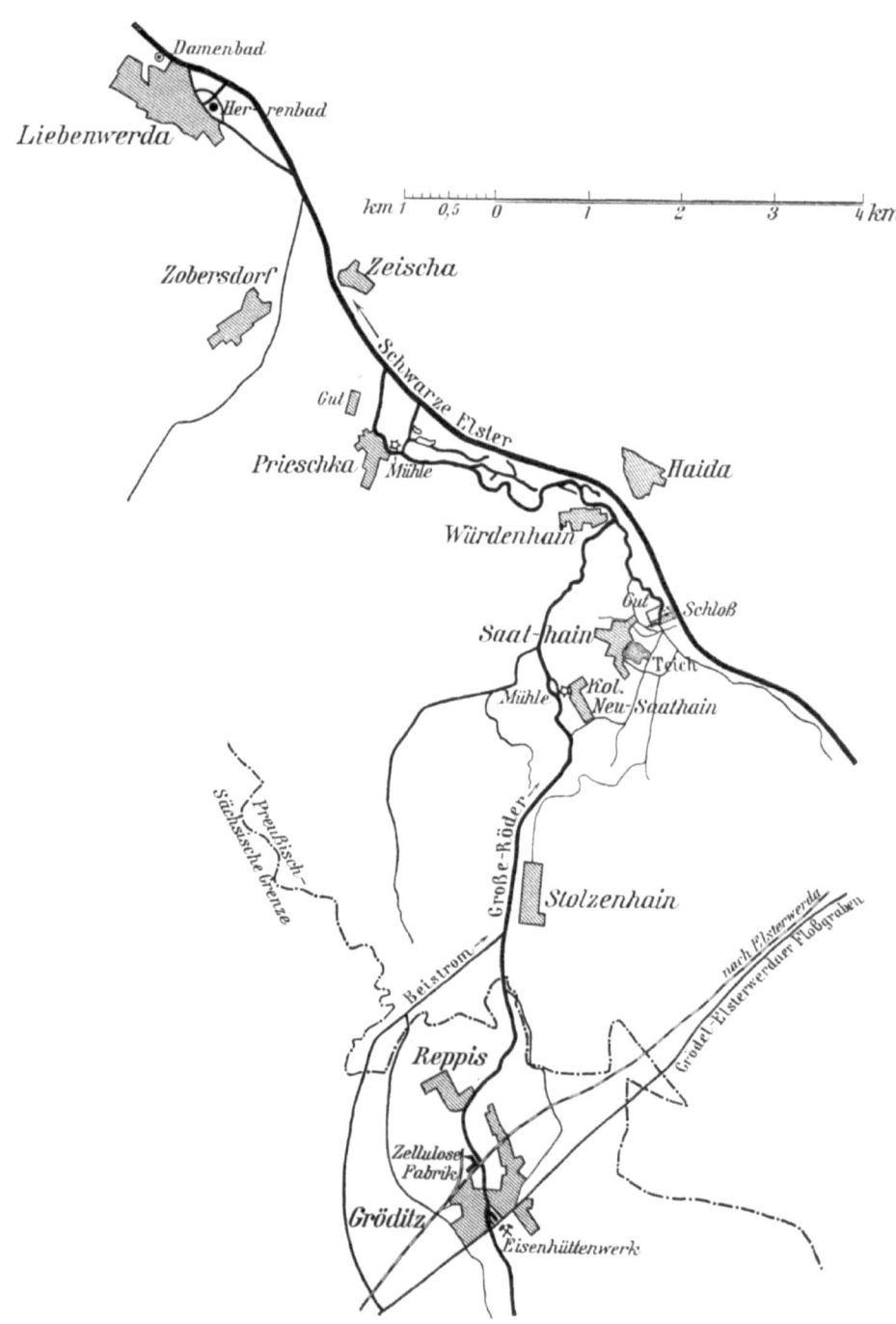

Verlag von Julius Springer in Berlin.

If you have any concerns about our products,
you can contact us on
ProductSafety@springernature.com

In case Publisher is established outside the EU,
the EU authorized representative is:
**Springer Nature Customer Service Center GmbH
Europaplatz 3, 69115 Heidelberg, Germany**

Printed by Libri Plureos GmbH
in Hamburg, Germany